"十四五"高等职业教育装备制造类新形态系列教材

数控加工编程技术

孔凡坤　张　栋　姜云龙◎主　编
王　锋　张光普◎副主编

中国铁道出版社有限公司
CHINA RAILWAY PUBLISHING HOUSE CO., LTD.

内容简介

本书为"十四五"高等职业教育装备制造类新形态系列教材之一,依据高等职业院校机械设计制造类专业人才培养方案,结合企业典型生产产品,将数控编程知识点、技能点融于教学项目中,注重训练学生数控加工程序编写能力,以着力提升学生实践动手能力为目标,通过数控机床概述、数控车床编程与应用、数控铣床编程与应用、数控加工中心编程与应用四个项目,配以丰富的加工实例,同时融入思政元素,采用任务驱动、问题引导的方式,帮助学生有效地消化所学知识,强化技能训练,提高实际动手能力,较好地体现了职业能力教育的特色。

本书从价值引领、育人为本的角度,注重工匠精神的注入、职业素养的塑造以及培养学生的工程思维,以期培养更多高素质数控技能人才,适合作为高等职业院校数控技术、机电一体化技术、机械制造及自动化、模具设计与制造等专业的教材,也可供相关专业的师生及从事相关工作的人员参考。

图书在版编目(CIP)数据

数控加工编程技术/孔凡坤,张栋,姜云龙主编.—北京:中国铁道出版社有限公司,2024.8
"十四五"高等职业教育装备制造类新形态系列教材
ISBN 978-7-113-31138-4

Ⅰ.①数… Ⅱ.①孔…②张…③姜… Ⅲ.①数控机床-程序设计-高等职业教育-教材 Ⅳ.①TG659

中国国家版本馆 CIP 数据核字(2024)第 068198 号

书　　名:数控加工编程技术
作　　者:孔凡坤　张　栋　姜云龙

策　　划:曾露平　　　**编辑部电话:**(010)51851926
责任编辑:曾露平　包　宁
编辑助理:郭馨宇
封面设计:刘　颖
责任校对:刘　畅
责任印制:樊启鹏

出版发行:中国铁道出版社有限公司(100054,北京市西城区右安门西街8号)
网　　址:https://www.tdpress.com/51eds/
印　　刷:天津嘉恒印务有限公司
版　　次:2024年8月第1版　2024年8月第1次印刷
开　　本:787 mm×1 092 mm　1/16　**印张:**11　**字数:**251千
书　　号:ISBN 978-7-113-31138-4
定　　价:45.00元

前　言

随着现代制造业的快速发展，数控技术已经成为当今机械加工领域的核心技术之一。它不仅提高了生产效率，还确保了产品的高精度和高质量。为了满足高等职业院校数控技术、机电一体化技术、机械制造及自动化、模具设计与制造等专业的教学需要，我们编写了本书。

本书依据高等职业院校机械设计制造类专业人才培养方案，结合企业典型生产产品，将数控编程知识点、技能点融于教学项目中，注重训练学生数控加工程序编写能力，以着力提升学生实践动手能力为目标。全书由数控机床概述、数控车床编程与应用、数控铣床编程与应用、数控加工中心编程与应用四个项目组成，包括数控车削、铣削加工工艺设计、数控加工程序编制、数控仿真加工的相关知识，系统全面地介绍了数控机床的基础概念、数控加工刀具选用、数控车削和铣削编程与加工、数控仿真软件操作、数控车削和数控铣削 CAD/CAM 自动编程加工等内容。本书旨在高职学生提供一个全面、系统的数控编程和加工技术的入门指南，从基础的数控编程概念开始，逐步深入到复杂的加工技术和策略。通过丰富的实例和图解，以实际工程中具有代表性的典型零件为载体，采用任务驱动的方式组织内容，每个任务均由任务目标、素养目标、任务描述、任务资讯、任务实施、任务评价、任务拓展、拓展阅读等部分组成。以任务驱动的形式，让读者能够进行自主探索和互动协作的学习，在完成既定任务的同时，引导学习实践活动，以能够帮助读者更好地理解和掌握这一技术。

本书由孔凡坤、张栋、姜云龙任主编，王锋、张光普任副主编，李宏学、齐宇翔、刘尧参与编写。具体编写分工如下：孔凡坤编写任务 1.1、任务 1.2；孔凡坤、姜云龙编写任务 2.1、任务 2.2、任务 2.3；齐宇翔、姜云龙编写任务 2.4；齐宇翔、张栋编写任务 2.5、任务 2.6、任务 2.7；李宏学、刘尧编写任务 3.1、任务 3.2、任务 3.3、任务 3.4；孔凡坤、张栋编写任务 3.5；张光普、王锋编写任务 4.1、任务 4.2、任务 4.3、任务 4.4。

在编写过程中，我们努力确保内容的准确性和实用性，同时也参考了国内外的最新研究和发展趋势，希望本书能够帮助读者在实际的学习工作中取得更好的成果。

最后，感谢所有为本书提供支持和建议的同事和朋友，希望读者在学习的过程中能够获得启发和乐趣，同时也欢迎对本书提出宝贵的意见和建议。

编　者

2024 年 2 月

目录

项目一 数控机床概述

数控机床是一种高精度、高效率的机床，它采用计算机控制系统控制机床的运动，实现对工件的加工。本项目将从数控机床的产生、发展、工作原理、组成及分类等方面进行介绍，旨在帮助学生更全面地了解数控机床的发展历史和技术特点，从而更好地认识数控机床在现代制造业中的重要性。

学习笔记

任务1.1 数控机床认知

任务目标

1. 了解数控机床的产生及发展历程。
2. 能够简述我国数控机床发展历程和未来发展趋势。
3. 认识数控机床在现代制造业中的重要性。

素养目标

1. 引入机床行业转型升级等相关内容，引导学生了解产业发展方向，积极投身到制造强国的建设中。

2. 对世界机床及我国机床发展现状的各种数据进行比较，激发学生的民族自豪感和爱国精神。

任务描述

作为装备制造类专业的学生，需要了解数控机床的产生及未来发展趋势，对标企业，紧跟行业发展方向，了解行业最前沿的知识，认识到数控机床在现代制造中的重要性。

任务资讯

问题1：什么是数控机床、数控编程？

数控（numerical control，NC）是数字控制的简称，数控技术是利用数字化信息对机

学习笔记

械运动及加工过程进行控制的一种方法。

数控机床:用数控技术控制的机床称为数控机床。

数控编程:将被加工零件的工艺过程、工艺参数、运动要求以数字指令形式(数控语言)记录在介质上,并输入数控系统。

数控加工:泛指在数控机床上进行零件加工的工艺过程。

问题 2:为什么会产生数控机床?

随着社会生产和科学技术的不断进步,各类工业新产品层出不穷。机械制造产业作为国民工业的基础,其产品更是日趋精密复杂,特别是在宇航、航海、军事等领域所需的机械零件,精度要求更高、形状更为复杂且往往批量较小,加工这类产品需要经常改装或调整设备。普通机床或专业化程度高的自动化机床显然无法适应这些要求。同时,随着市场竞争的日益加剧,企业生产也迫切需要进一步提高其生产效率,提高产品质量并降低生产成本。一种新型的生产设备——数控机床就应运而生了。帕森斯公司与麻省理工学院伺服机构实验室(Servo Mechanism Laboratory of the Massachusetts Institute of Technology)合作,于 1952 年成功试制世界上第一台数控机床试验性样机。1959 年,美国克耐 · 杜列克公司(Keaney & Trecker)首次成功开发了加工中心(machining center)。

问题 3:数控机床历史历程及发展现状是怎样的?

第 1 代数控机床:1952—1959 年,采用电子管元件构成的专用数控装置(NC),如图 1-1-1 所示。

图 1-1-1　电子管元件数控装置

第 2 代数控机床:从 1959 年开始,采用晶体管电路的 NC 系统,如图 1-1-2 所示。

第 3 代数控机床:从 1965 年开始,采用小、中规模集成电路的 NC 系统,如图 1-1-3 所示。

第 4 代数控机床:从 1970 年开始,采用大规模集成电路的小型通用电子计算机控制的 NC 系统(CNC),如图 1-1-4 所示。

第 5 代数控机床:从 1974 年开始,采用微型计算机控制的 NC 系统(MNC),如图 1-1-5 所示。

学习笔记

图 1-1-2　晶体管数控装置

图 1-1-3　集成电路数控装置

图 1-1-4　计算机数控装置

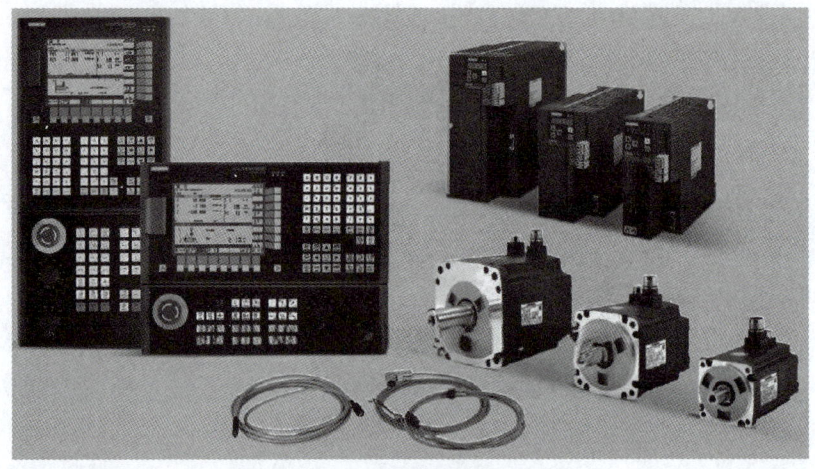

图 1-1-5　微型计算机数控装置

第 6 代数控机床：从 20 世纪 80 年代开始，进入开放式、网络化和软件化数控阶段，如图 1-1-6 所示。

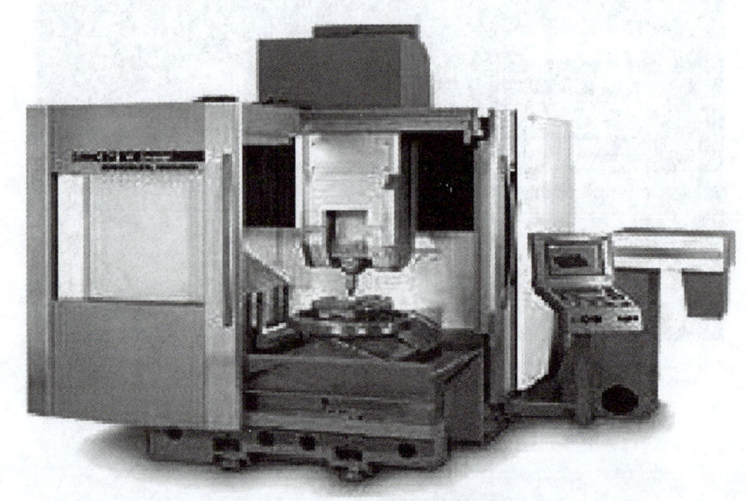

图 1-1-6　基于 PC 的开放式数控装置

第 7 代数控机床：从 2010 年后，融合智能传感、物联网/工业互联网、大数据、云计算、人工智能、数字孪生和赛博物理系统的智能数控装置及智能机床逐渐走向成熟，如图 1-1-7 所示。

问题 4：数控机床的发展趋势是什么？

数控装置是数控机床控制的中枢，紧随电子技术、计算机技术、信息技术的发展而演变进化，其发展过程可分为 7 代。第 1、2、3 代是分别采用电子管分立元件、晶体管、集成电路的数控装置，处于数控装置发展初期，体积大、功耗高、可靠性低、实用性差。第 4 代为采用小型电子数字计算机的 CNC 装置，相比于前三代，其硬件平台结构紧凑、专用性强，可靠性大大提高，数控技术进入计算机数控的新轨道，从而使数控机床真正地进入实用阶段并加快了迭代和发展，此为数控机床发展的第一个拐点，直接

学习笔记

图 1-1-7　智能数控装置

数控(DNC)、柔性制造系统(FMS)等概念和系统相继出现。随着超大规模集成电路微型中央处理器技术成熟,第 5 代数控装置将基于微处理器的专用硬件或单片机用作其硬件平台,进一步减小硬件体积,降低成本,但其硬件结构的兼容性和开放性较差。20 世纪 80 年代,第 6 代数控装置中采用了个人微型计算机(PC),带来了数控机床发展的第二个拐点。借用 PC 成熟的软/硬件平台、丰富的应用资源和通用的网络化接口等特点,数控装置的研究开发转向以软件算法实现各种功能,即进入开放式、网络化和软件化数控阶段。随着工业 4.0 的推进,融合智能传感、物联网/工业互联网、大数据、云计算、人工智能、数字孪生和赛博物理系统的第 7 代智能数控装置及智能机床正在逐渐走向成熟,这将给数控技术发展带来一个新拐点,甚至可能带来一次新的革命。

问题 5:我国数控机床发展历程及发展现状是怎样的?

我国数控机床经历从无到有,到现在已经成为全球最大的机床消费国和生产国。从洋务运动到新中国成立前,我国机床工业处于萌芽阶段。1863 年容闳历时两年从美国采购了第一批机床设备,开始将西方现代机床工具引入我国。随后,江南机器制造总局自制出一批机床。到 20 世纪上半叶陆续建立了重庆机床厂、长沙机床厂、中央机器厂等一批机床厂,20 世纪 40 年代,东北、上海、江浙等地又建立了一批机床制造企业,后来成长为沈阳三机、上海机床、济南一机、南京机床、无锡机床等国内知名的机床厂。从中华人民共和国成立到改革开放前(1949—1978 年)的近 30 年,中国机床工业发展可分为奠基阶段和大规模建设阶段。

新中国成立后,我国机床工业开始进入快速发展时期。“一五”时期(1953—1957 年),在苏联专家的指导下,第一机械工业部(简称一机部)按专业分工规划布局了被称为“十八罗汉”的一批骨干机床企业,还建立了以北京金属切削机床研究所(北京机床研究所的前身)为代表的被称为“七所一院”的一批机床工具研究机构。1957 年,一

学习笔记

机部直属企业在机床、工具、磨料磨具和机床附件方面的产品产量都占全国的 90% 以上。相关产品产量的国内自给率达到 80%。机床工具工业成为一个独立的工业部门，这一时期是我国机床工业的奠基阶段。

1958—1978 年，我国机床工业进入大规模建设阶段。20 世纪 60 年代初，通过对高精度精密机床的攻关，我国累计掌握 5 类 26 种高精度精密机床技术，机床精度、质量和工艺水平普遍提高。在 20 世纪 60 年代中期开始的"三线建设"中，川、黔、陕、甘、宁、青、豫西、鄂西等地区，由老厂老所迁建、包建了 33 个机床工具企业，改善了行业的地区布局，其中，为中国第二汽车制造厂（简称二汽）提供成套设备成为集机床工具行业技术能力和展示其发展水平的又一个全行业性里程碑，大大提升了行业技术水平和能力。与此同时，国家大力支持发展大型、重型和超重型机床，以满足国民经济建设需求。

我国数控机床的发展起步很早。我国机床产业经过了 1949 年以前的萌芽阶段后，在"一五"期间奠基并快速发展。1958 年第一台国产数控机床研制成功，由此开始了数控机床的发展历程（见图 1-1-8），这个历程可划分为：初始发展阶段、持续攻关和产业化发展阶段、高速发展和转型升级阶段。

1952 年，在我国机床工业尚处在奠基发展的时期，美国研制出了世界上第一台 3 轴联动数字控制铣床，机床开始向数控化发展。1958 年北京第一机床厂与清华大学合作研发出了中国第一台数控铣床。到 1972 年我国能够提供数控线切割机、非圆插齿机和劈锥铣等少数品种的数控机床产品。从第一台国产数控机床研制成功到 20 世纪 70 年代中期，我国的数控机床处于初期技术研究探索阶段，只进行了少量产品试制工作，尚未全面开展数控机床关键技术攻关研究和工业化开发生产。20 世纪 70 年代中后期，全面启动了数控机床研制生产工作，1975 年齐齐哈尔第二机床厂完成了国产第一台数控龙门式铣床的研制。从 1958 年到 1978 年改革开放前，数控机床关键技术研究开发及产业发展缓慢。我国的机床数控化进程到 20 世纪 70 年代末才刚刚开始，并且升级换代过程历经了多重曲折困难，直到 2016 年，机床工业的产品数控化升级换代才得以全面实现。

近 10 年来，一批民营数控机床企业异军突起，在国内外市场产生重要影响，如北京精雕、四川普什宁江、大连光洋/科德、上海拓璞、纽威数控（苏州）、宁波海天精工、武汉华中数控、广州数控等，它们是在数控机床行业国内外市场竞争中崛起的后起之秀，成为中国数控机床产业发展新的有生力量。另外，以市场和用户需求为导向，东部沿海地区则形成了数控机床产业聚集区，如山东滕州中小机床之都、江苏泰州特种加工机床基地、浙江温岭工量具机床名城、浙江玉环经济型数控车床之都、浙江宁波模具之都、安徽博望刃具之乡等，它们为数控机床市场的繁荣带来了活力和特色。

任务实施

请根据所讲知识点进行归纳总结，小组讨论，形成课程思维导图，填写任务工单并进行分享汇报。

学习笔记

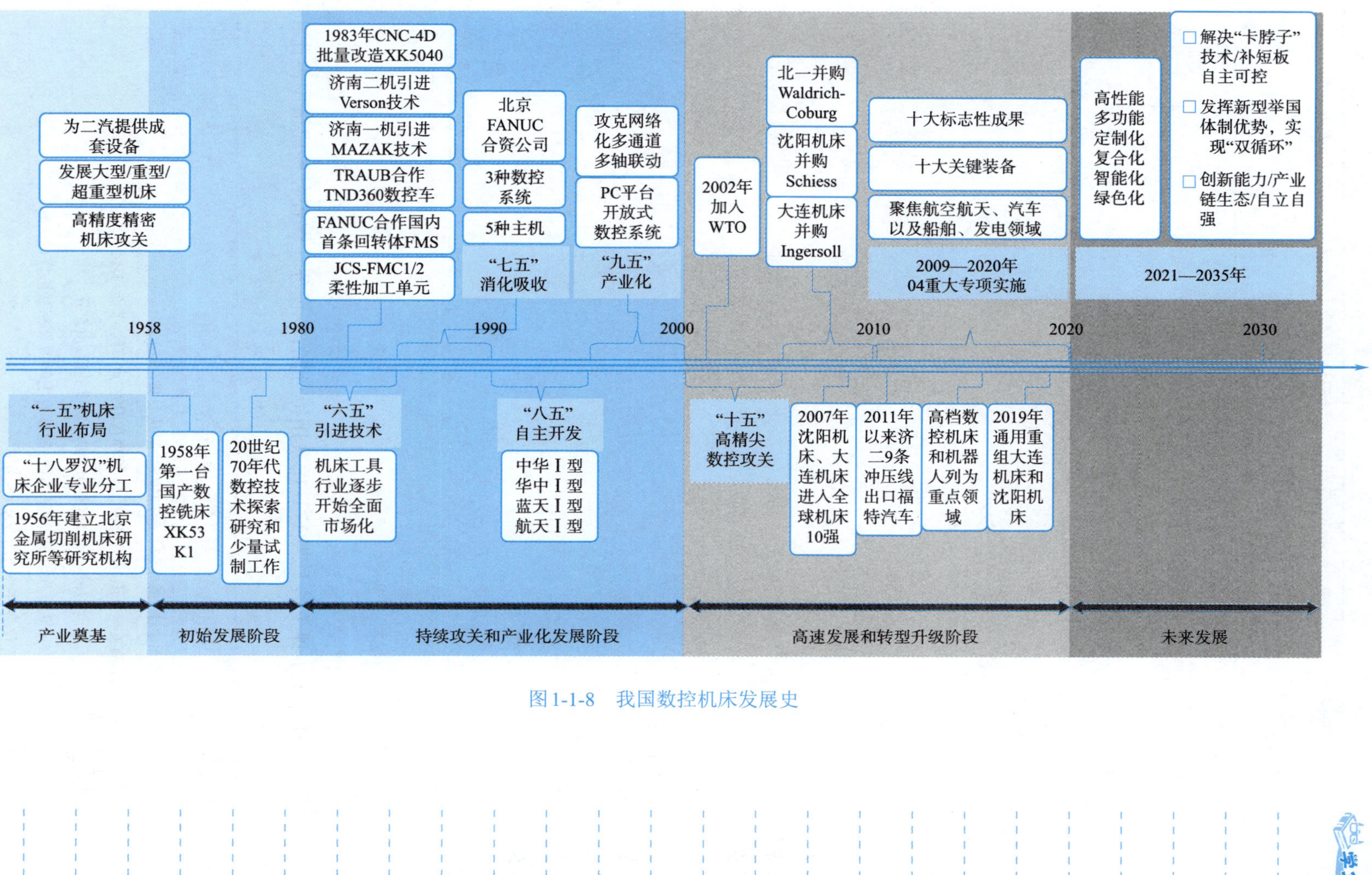

图1-1-8 我国数控机床发展史

学习笔记

任务工单

班级		组号		指导教师	
组长		学号			
组员	姓名	学号	姓名		学号
任务分工					
任务准备					
工作步骤					

任务评价

任务 1.1 评价表见表 1-1-1，采用得分制，本任务在课程考核成绩中占比 4%。

表 1-1-1　任务 1.1 评价表

项目	评价内容	学生自评（30%）	小组互评（30%）	教师评价（40%）
素质评价（30%）	遵守纪律，遵守相关管理规定，服从安排（5 分）			
	具有安全意识、责任意识、6S 管理意识，注重节约、节能与环保（5 分）			
	学习态度积极主动，能够参加实习安排的活动（5 分）			
	具有团队合作意识，注重沟通，能够自主学习及相互协作（10 分）			
	仪容仪表符合活动要求（5 分）			

学习笔记

续表

项目	评价内容	学生自评（30%）	小组互评（30%）	教师评价（40%）
技能评价（70%）	按时按要求独立完成任务工单(40 分)			
	仿真加工工具、设备选择得当,使用符合技术要求(10 分)			
	操作规范,符合要求(5 分)			
	学习准备充分、完整(10 分)			
	注重工作效率与工作质量(5 分)			
本次得分:				
最终得分:				
教师反馈:		教师签名: 年　月　日		

任务拓展

1. 简述我国数控机床发展情况。
2. 简述目前我国数控机床技术水平和国外先进技术仍存在差距的原因。

拓展阅读

高端数控产业是制造业的基础。在 2014 年之前,中国高端数控机床市场几乎被几大国外巨头垄断。由于中国在能源、航空、航天、船舶、军工等领域对推进器螺旋桨和汽轮机叶片工程等部件加工的巨大需求,即使国外产品卖到天价,我们也只能照价购买。“不想受制于人,有些东西必须自己造。”辽宁省大连光洋科技集团有限公司从此认定了通过自主创新,与国外巨头面对面竞争的发展道路。

该企业大力引进人才,建起了国内同行业唯一“高档数控机床控制集成技术国家工程实验室”,以及博士后科研工作站等十余个研发平台。目前已建立了一支近 400 人的创新团队,掌握了高档数控产业的基础技术和共性技术,具备研制性价比位于全球前列的多种类、多规格五轴数控机床的能力。

如今,大连光洋科技公司在高档数控产业建立了完整的技术链、人才链和产业链,公司产品自主化率达 85% 以上。不但关键零部件生产自主率高,而且技术完全自主,升级服务更是优于国外公司,相比进口机床具备了相当大的优势,打破了我国航天航空等领域叶轮类工件装备长期依赖进口的局面,实现了高档数控机床的“中国创造”。

这个案例反映出中国机床产业要想在国际市场站稳脚跟,就必须持续加大研发投入,增强自主创新能力,提升产品质量和竞争实力。

任务1.2 数控编程基础认知

任务目标

1. 掌握数控编程中的基本术语,如数控机床、数控系统、程序、代码、工件坐标系等。
2. 了解数控加工的基本过程和数控编程的内容。
3. 学习数控机床坐标系统,建立数控加工立体空间。

素养目标

1. 在数控编程基础课程学习中,让学生亲身参与分组讨论并协作完成任务,培养学生团结协作、互助共进的意识,提升与他人沟通、协作的能力。

2. 以数控编程讲解为基础,深化工科和人文知识、社科知识之间的联系,传承传统文化,领略中国智慧,坚定中国自信。培养学生的工匠精神,激发学生科技报国的家国情怀和使命担当。

任务描述

在编制数控加工程序前,应首先了解程序编制的主要工作内容、程序编制的工作步骤、每一步应遵循的原则、数控机床的坐标系统等。上述内容都是编制数控加工程序的重要基础,应当熟练掌握。

任务资讯

问题1:数控程序编制的内容及步骤是什么?

编制数控加工程序是使用数控机床的一项重要工作,理想的数控程序不仅能够保证加工出符合零件图样要求的合格零件,还应使数控机床的功能得到合理的应用与充分的发挥,使数控机床能够安全、高效地工作。

数控程序编制的内容及步骤:数控编程是指从零件图样到获得数控加工程序的全部工作过程,如图1-2-1所示。

1. 确定工艺过程

包括确定加工方案,选择合适的机床、刀具及夹具,确定合理的走刀路线及切削用量等。

2. 数学处理

包括建立工件的几何模型,计算加工过程中刀具相对工件的运动轨迹等,随着计算机技术的发展,较复杂刀具走刀轨迹的计算可以借助计算机绘图软件(如CAXA)完成。

数学处理的最终目的是获得编程所需要的所有相关位置坐标数据。

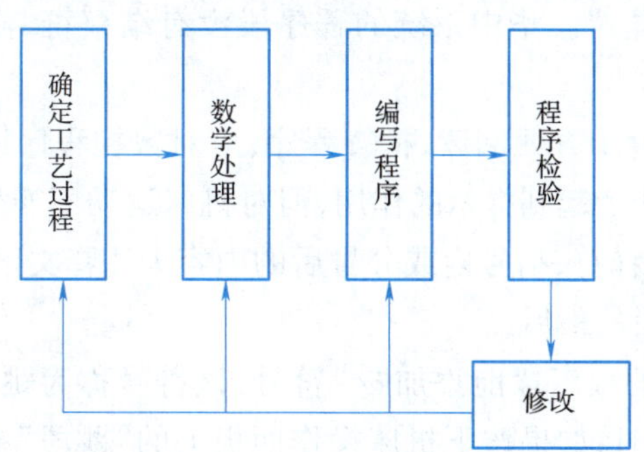

图 1-2-1　数控程序编制的内容及步骤

3. 编写程序

按照数控系统规定的指令和程序格式编写工件的加工程序。常规加工程序由开始符、程序名、程序主体和程序结束指令组成。

(1)程序名。程序名位于程序主体之前,一般独占一行,以英文字母 O 开头,后面紧跟 1 ~4 位数字。华中数控系统也可用% 作为开始符。

(2)程序段格式。程序段是程序的基本组成部分,每个程序段由若干个地址字构成,地址字由表示地址的英文字母、正负号、小数点和数字构成,如 X20、W-5、G02 等。

程序段的格式为

N_G_X_Y_Z_F_M_S_T_

各个功能字的含义如下:

N——程序段号,由地址码和数字表示,一般为 N1 ~ N9999。程序段号一般不连续排列,以 5 和 10 间隔,以便于插入程序段。

G——准备功能字,G 功能控制数控机床进行操作,用地址符 G 和两位数字表示(G00 ~ G99)。

X、Y、Z——尺寸字,由地址码、“ + ”、“ - ”及绝对值或增量值构成,地址码有 X、Y、Z、U、V、W、R、I、K 等。

F——进给功能字,表示刀具中心运动时的进给速度或进给量,由地址码 F 和数字构成,单位为 mm/min 或 mm/r。

S——主轴功能字,由地址码 S 和数字组成,单位为 r/min 或 m/min。

T——刀具功能字,表示刀具所处的位置,由地址码 T 和数字组成。

M——辅助功能字,表示机床的辅助动作指令,由地址码 M 和后面两位数字组成(M00 ~ M99)。

(3)程序段号。程序段号由地址码 N 和后面的若干位数字表示,通常按升序书写程序段号。在大部分系统中,程序段号仅作为跳转或程序检索的目标位置指示。程序段在存储器内以输入的先后顺序排列,零件程序的加工按程序段的输入顺序逐段执行,执行的先后次序与程序段号无关。因此程序段号可任意编写,其大小及次序可以颠倒,也可省略。当程序段号省略时,该程序段将不能作为跳转或程序检索的目标程序段。

学习笔记

(4)程序段结束。程序段结束符写在每段程序结束之后,表示程序段结束。FANUC系统的程序段结束符为“;”。华中系统的程序段没有结束符,输完一段程序后直接按[Enter]键即可。

(5)程序段注释。为了方便阅读、检查程序,应对数控程序进行适当的注释。显示在屏幕上的注释,对操作者起到提示的作用,但对机床运动不产生影响。程序段后面出现的“;”或“()”表示注释符,括号内或分号后的内容为注释文字,注释不得插在地址和数字之间,应放在程序段的最后。

(6)程序跳段。有的程序段前添加“/”符号,该符号称为跳段符,该程序段称为可跳跃程序段。程序运行时,如果按下机床操作面板上的“跳段”按键,使跳段功能生效,那么,前面加有跳段符的程序段将被跳过,不再执行;如果跳段功能无效,前面加有跳段符的程序段将正常执行,即与不加“/”符号的程序段相同。跳段功能可以使操作者较为灵活地对程序段和执行情况进行控制。

4. 程序检验

将编写好的加工程序输入数控系统,即可控制数控机床完成工件加工。一般在正式加工之前,要对程序进行检验。通常可采用机床空运转的方式检查机床动作和运动轨迹的正确性,以检验程序。在具有图形模拟现实功能的数控机床上,可通过显示走刀轨迹或模拟刀具对工件的切削过程进行检查。

5. 数控程序编制的方法

数控加工程序的编制方法主要有两种:手工编程和自动编程。

(1)手工编程。手工编程是指零件图样分析、工艺处理、数值计算、书写程序单、纸带制作和检验等均由人工完成。它要求编程人员不仅要熟悉数控指令及编程规则,而且还要具备数控加工工艺知识和数值计算能力。本书主要介绍手工编程的知识。

(2)自动编程。自动编程即计算机编程,可分为以语言和绘画为基础的自动编程方法。但是,无论采用何种自动编程方法,都需要有相应配套的硬件和软件。可见,实现数控加工编程是关键,但仅有编程是不够的,数控加工还包括编程前必须要做的一系列准备工作及编程后的善后处理工作。

问题2:什么是数控机床的坐标系?

扫一扫

数控铣床的坐标系统——机床坐标系

在数控机床上加工工件,刀具与工件的相对运动是以数字形式体现的,因此必须建立相应的坐标系,才能明确刀具与工件的相对位置。为了保证数控机床正确运动,保持工作的一致性,简化程序的编制方法,并使所编程序具有互换性,ISO标准和我国国家标准都规定了数控机床坐标轴及其运动方向。

在数控机床上,机床的动作由数控装置控制,为了确定数控机床上的成形运动和辅助运动,必须先确定机床上运动的位移和方向,这就需要通过坐标系实现,这个坐标系称为机床坐标系。

问题3:机床坐标轴用什么表示,相互的关系是怎样的?

(1)基本坐标轴——国标规定直线进给坐标轴用 x、y、z 表示,通常称为基本坐标轴。

(2)右手直角笛卡儿法则——x、y、z 坐标轴的相互关系符合右手直角笛卡儿法则。

如图 1-2-1(a)所示,右手的大拇指、食指和中指保持相互垂直,大拇指的指向为 x 轴的正方向,食指指向 y 轴的正方向,中指指向 z 轴的正方向。

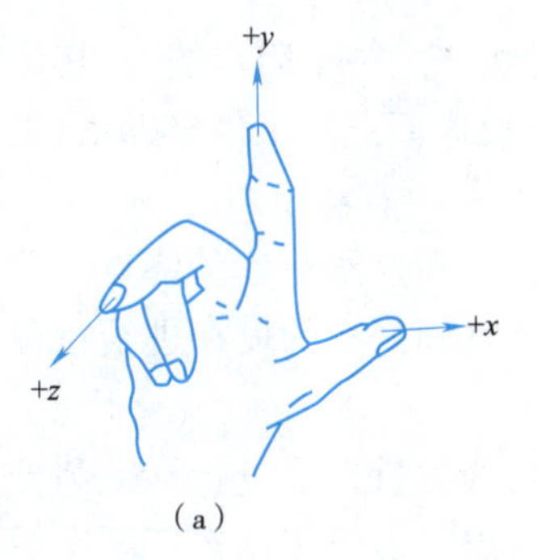

(a)

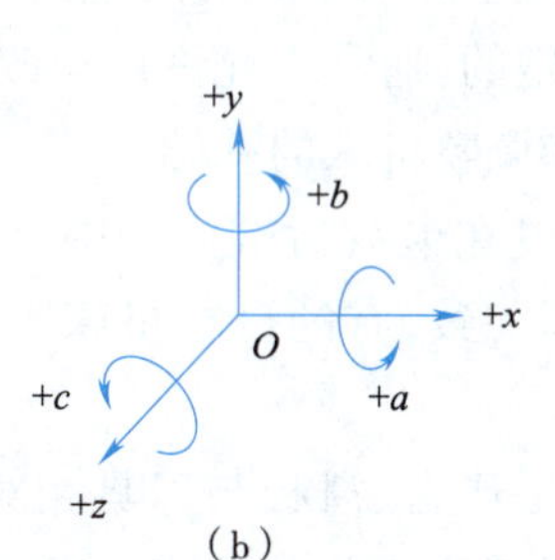

(b)

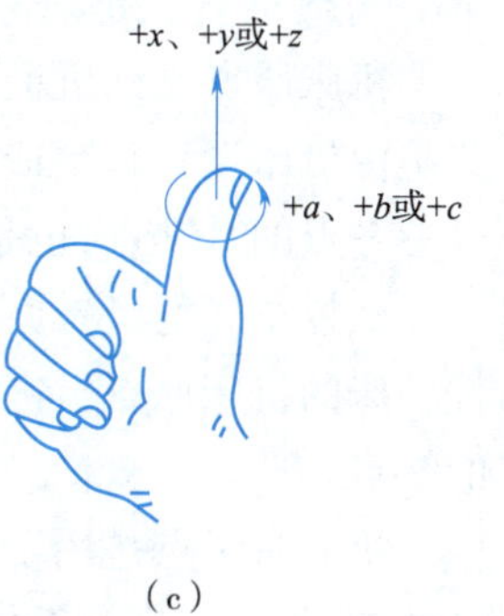

(c)

图 1-2-2　右手笛卡儿坐标系

(3)围绕 x、y、z 轴旋转的圆周进给坐标轴分别用 a、b、c 表示,根据右手螺旋定则,分别以大拇指的指向为 $+x$、$+y$、$+z$ 方向,其余四指则分别指向 $+a$、$+b$、$+c$ 轴的旋转方向,如图 1-2-2(b)、(c)所示。

问题 4:如何确定机床坐标轴运动方向?

为了便于编程,国际标准化组织对数控机床的坐标轴及其运动方向进行了明确规定:不论数控机床的具体结构是工件静止、刀具运动,还是刀具静止、工件运动,都一律假定被加工工件是静止的,即刀具在坐标系内相对于静止的工件运动。规定运动方向以增大工件与刀具距离的方向或刀具远离工件的方向作为坐标的正方向。机床坐标轴的方向取决于机床的类型和各组成部分的布局,机床坐标系 x 轴、y 轴、z 轴的判定方法如下:

(1)通常把传递切削力的主轴定为 z 轴。对于工件旋转的机床(如车床、磨床等),工件转动的轴为 z 轴;对于刀具旋转的机床(如镗床、铣床、钻床等),刀具转动的轴为 z 轴,如图 1-2-3 和图 1-2-4 所示。z 轴的正方向取刀具远离工件的方向。

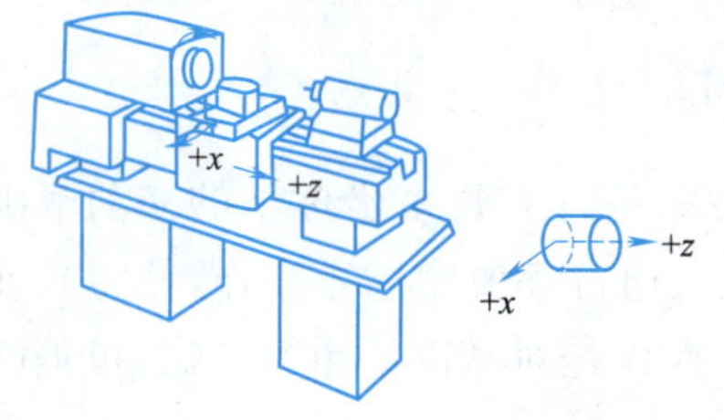

图 1-2-3　前置刀架式数控车床

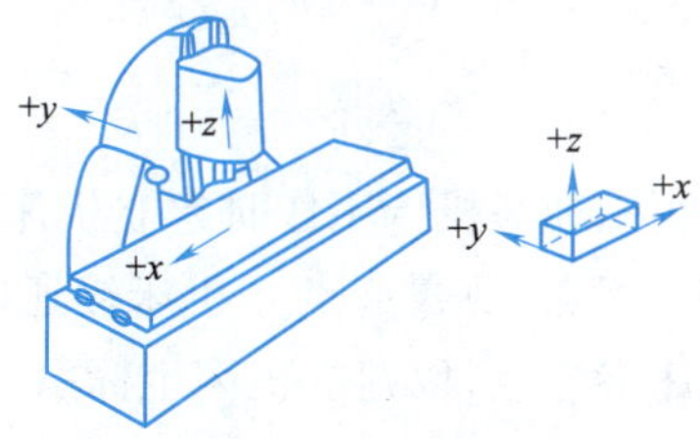

图 1-2-4　立式数控铣床

(2)x 轴一般平行于工件装夹面且与 z 轴垂直。对于工件旋转的机床(如车床、磨床等),x 轴在工件的径向上,且平行于横向滑座,刀具远离工件旋转中心的方向为 x 轴的正向;对于刀具旋转的机床(如铣床、镗床、钻床等),若 z 轴是垂直的,面对刀具主轴向立柱看时,x 轴正向指向右;若 z 轴是水平的,当从主轴向工件看时,x 轴正向指向右。

(3)当 x 轴与 z 轴确定之后,y 轴垂直于 x 轴和 z 轴,其方向可按右手直角笛卡儿法则确定。

问题5:什么是机床原点与机床参考点?

机床原点又称机械原点,是机床坐标系的原点。该点是机床上一个固定的点,其位置是由机床设计和制造单位确定的,通常不允许用户改变。机床原点是工件坐标系、机床参考点的基准点,也是制造和调整机床的基础。

数控车床的机床原点一般设在卡盘后端面的中心,有的设在进给行程的终点。数控铣床的机床原点,各生产厂不一致,有的设在机床工作台的中心,有的设在进给行程的终点。

扫一扫 机床原点和机床坐标系

扫一扫 机床坐标系及机床原点的建立

扫一扫 数控铣床的坐标系统——机床原点与参考点

机床参考点是用于对机床工作台、滑板与刀具相对运动的测量系统进行标定和控制的点,是机床坐标系中一个固定不变的位置点。机床参考点已由机床制造厂测定后输入数控系统,用户不得更改。一般数控车床、数控铣床的机床原点和机床参考点位置如图1-2-5所示,也有些数控机床的机床原点与机床参考点重合。

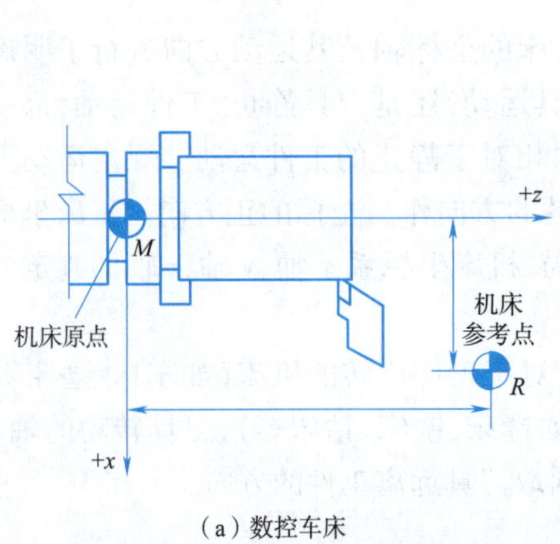

(a)数控车床

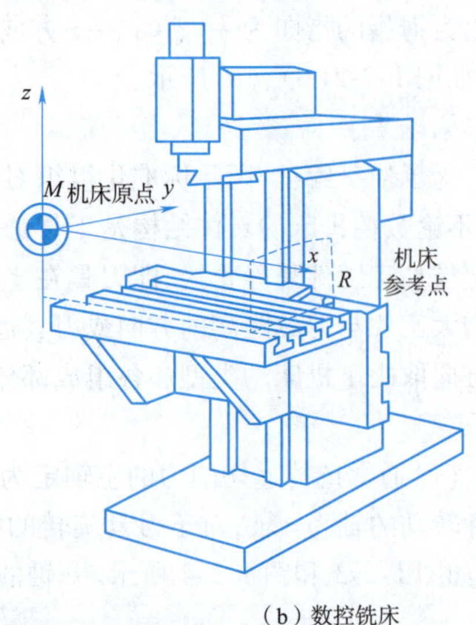

(b)数控铣床

图1-2-5　数控机床的机床原点与机床参考点

为了正确地在机床工作时建立机床坐标系,通常在每个坐标轴的移动范围内设置一个机床参考点(测量起点),机床接通电源后,通常都要做回零操作,使刀具或工作台退离到机床参考点,以建立机床坐标系。回零操作是对基准的重新核定,可消除由于各种原因产生的基准偏差。

问题6:什么是工件坐标系与工件原点?

工件坐标系是由编程人员根据零件图样及加工工艺,以零件上某一固定点为原点建立的坐标系,又称编程坐标系或工件坐标系。工件坐标系的原点称为工件原点或编程原点。

工件坐标系的原点选择应尽量满足编程简单、尺寸换算少、引起的加工误差小等条件。一般情况下,以坐标式尺寸标注的零件,编程原点应选在尺寸标注的基准点;对称零件或以同心圆为主的零件,编程原点应选在对称中心线或圆心上。

在数控车床上加工工件时，工件原点一般设在主轴中心线与工件右端面（或左端面）的交点处，如图 1-2-6 所示。

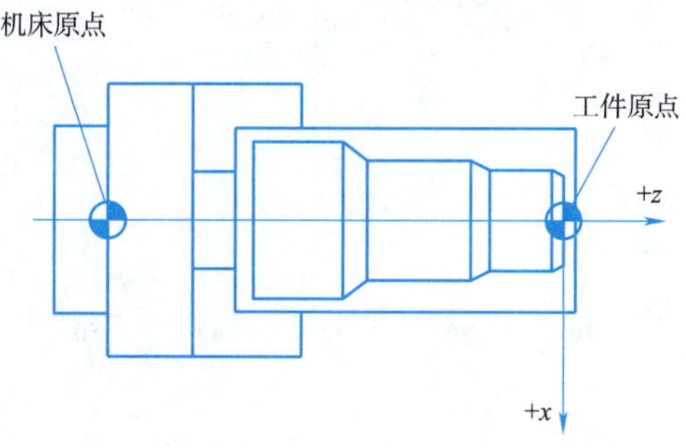

图 1-2-6　数控车床工件原点设置

数控铣床上加工工件时，工件原点一般设在进刀方向一侧工件外轮廓表面的某个角上或对称中心上，z 轴的编程原点通常选在工件的上表面，如图 1-2-7 所示。

扫一扫

工件坐标系和工件原点

扫一扫

设置工件坐标系指令G50

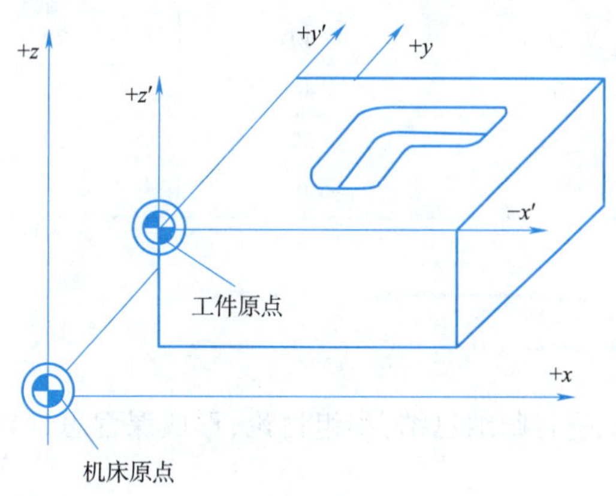

图 1-2-7　数控铣床工件原点设置

问题 7：什么是绝对坐标和相对坐标编程？

数控加工程序中表示几何点的坐标位置有绝对值和增量值两种方式。绝对坐标是指点的坐标值是相对于“工件原点”计量的，G90 表示绝对值方式编程。相对坐标又称增量坐标，指运动终点的坐标值以“前一点”的坐标作为起点计量，G91 表示相对值方式编程。

在编程时要根据零件的加工精度要求及编程方便与否选用坐标类型。在数控程序中绝对坐标与增量坐标可单独使用，也可在不同程序段上交叉设置使用，有的系统还可以在同一程序段中混合使用，使用原则主要是看哪种方式编程更方便，如图 1-2-8 所示。

注意：有些数控系统没有绝对值和增量值指令。大多数数控车床编程通过改变尺寸字表示坐标值是采用绝对值还是增量值。当采用绝对值方式编程时，尺寸字用 X、Z 表示；采用增量值方式编程时，相应的尺寸字改用 U、W 表示。数控铣床通常用 G90 指令表示绝对值方式编程；用 G91 指令表示增量值方式编程。图 1-2-8 中各点的绝对坐标和相对坐标见表 1-2-1。

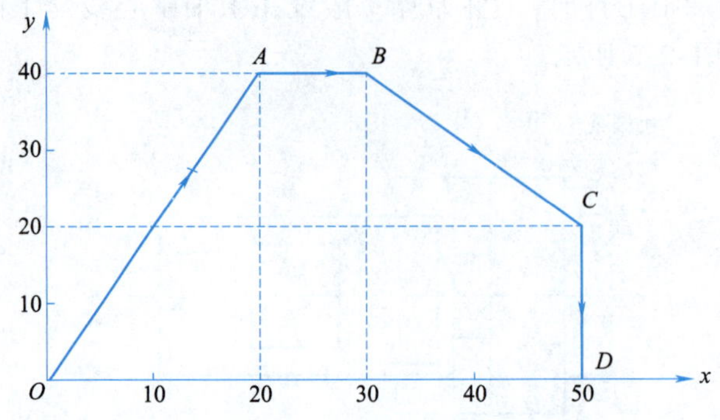

图 1-2-8　点的运动轨迹

表 1-2-1　绝对坐标与相对坐标

点	绝对坐标		相对坐标	
	x	*y*	*x*	*z*
O	0	0	0	0
A	20	40	20	40
B	30	40	10	0
C	50	20	20	−20
D	50	0	0	−20

任务实施

请根据所讲知识点进行归纳总结，小组讨论，形成课程思维导图，填写任务工单并进行分享汇报。

任务工单

<table>
<tr><td>班级</td><td></td><td>组号</td><td></td><td>指导教师</td><td></td></tr>
<tr><td>组长</td><td></td><td>学号</td><td colspan="3"></td></tr>
<tr><td rowspan="4">组员</td><td>姓名</td><td>学号</td><td>姓名</td><td colspan="2">学号</td></tr>
<tr><td></td><td></td><td></td><td colspan="2"></td></tr>
<tr><td></td><td></td><td></td><td colspan="2"></td></tr>
<tr><td></td><td></td><td></td><td colspan="2"></td></tr>
<tr><td colspan="6">任务分工</td></tr>
</table>

学习笔记

续表

任务准备
工作步骤

任务评价

任务 1.2 评价表见表 1-2-2，采用得分制，本任务在课程考核成绩中占比 4%。

表 1-2-2　任务 1.2 评价表

项目	评价内容	学生自评（30%）	小组互评（30%）	教师评价（40%）
素质评价（30%）	遵守纪律，遵守相关管理规定，服从安排（5 分）			
	具有安全意识、责任意识、6S 管理意识，注重节约、节能与环保（5 分）			
	学习态度积极主动，能够参加实习安排的活动（5 分）			
	具有团队合作意识，注重沟通，能够自主学习及相互协作（10 分）			
	仪容仪表符合活动要求（5 分）			
技能评价（70%）	按时按要求独立完成任务工单（40 分）			
	仿真加工工具、设备选择得当，使用符合技术要求（10 分）			
	操作规范，符合要求（5 分）			
	学习准备充分、完整（10 分）			
	注重工作效率与工作质量（5 分）			
本次得分：				
最终得分：				
教师反馈：		教师签名： 年　月　日		

任务拓展

1. 简述数控机床加工的整个过程。
2. 刀具绝对运动原则是什么?
3. 说明机床坐标系和工件坐标系的区别和联系。
4. 机床原点和机床参考点有什么联系?
5. 绝对坐标编程及增量坐标编程有什么区别?试举例说明。

拓展阅读

2014年10月10日,李克强总理在访问德国期间,向德国总理默克尔赠送了一把精致的鲁班锁。鲁班锁又称孔明锁,是中国古老的儿童益智玩具,相传是三国时期诸葛孔明根据鲁班的发明,结合八卦发明的一种玩具,曾广泛流传于民间。小小的鲁班锁不仅是中国传统文化的缩影,也代表着古人智慧的结晶,展现了中国传统手工艺术的独特魅力。李克强向默克尔赠送鲁班锁,礼小意义深,礼轻情意重,表达了中方愿将"中国智慧"与"德国技术"完美结合,推动中德制造业合作向创新和高科技迈进,共同破解世界性难题,开启美好未来的期许和愿望。

数控车床编程与应用

数控车床编程是指使用计算机编程语言控制数控车床进行加工操作的过程。通过编写程序,可以实现对工件的精确加工,提高生产效率和加工质量。

学习笔记

任务 2.1　数控车床基本编程指令应用

任务目标

1. 了解数控车床编程格式。
2. 掌握数控车床指令及辅助指令。
3. 掌握数控车床 G00、G01 指令格式及应用。

素养目标

1. 通过拓展阅读让学生明白只要能做精、做专,在任何岗位都可以不平凡。
2. 使学生对今后就业的岗位充满向往与期待。

任务描述

通过本次任务的学习,能够编程绘制图 2-1-1 所示零件图。

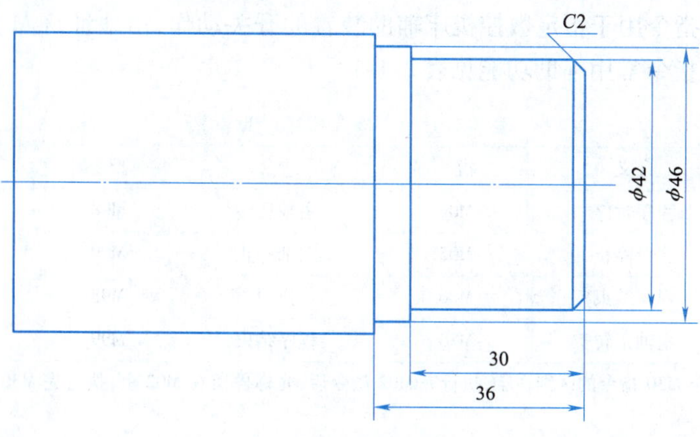

图 2-1-1　练习图

学习笔记

任务资讯

问题1:准备功能指令和辅助功能指令都有哪些?

1. 准备功能G指令

准备功能指令用于指定数控机床的工作方式,由地址符G和其后的两位数字组成。G指令的使用要根据数控系统说明书而定。

G指令分为模态指令和非模态指令两种。模态指令是一组可以相互注销的代码,这些代码一经使用便一直有效,直至出现同组的另一指令或被其他指令取消时才失效;非模态指令只在其出现的程序段中有效,程序段结束时失效。

2. 进给功能F指令

进给功能指令用于指定切削的进给速度,由地址符F和其后的一组数字组成。

(1)G98方式下的F指令。G98指令用于指定每分钟进给量,单位为mm/min,指令格式为G98 F_。

(2)G99方式下的F指令。G99指令用于指定每转进给量,单位为mm/r,指令格式为G99 F_。

3. 主轴功能S指令

主轴功能指令用于指定主轴转速,由地址符S和其后的一组数字组成。

(1)G50方式下的S指令。G50指令用于设定主轴最高转速,单位为r/min,指令格式为G50 S_。

(2)G96方式下的S指令。G96指令用于设定主轴恒线速度,单位为mm/min,指令格式为G96 S_。

(3)G97方式下的S指令。G97指令用于直接设置主轴转速,单位为r/min,具有取消G96指令的功能,单位为r/min,指令格式为G97 S_。

4. 刀具功能T指令

刀具功能指令用于指定加工时所用刀具,由地址符T和其后的四位数字组成,前两位数字代表刀具的编号,后两位数字为该刀具的补偿号。

5. 辅助功能M指令

辅助功能指令用于指定数控机床辅助装置的开关动作,由地址符M和其后的两位数字组成。M指令常用辅助功能见表2-1-1。

表2-1-1 M指令常用辅助功能

指令	含义	指令	含义	指令	含义
M00	程序暂停	M04	主轴反转	M08	冷却液开
M01	选择停止	M05	主轴停止	M09	冷却液关
M02	程序结束	M06	换刀	M98	子程序调用
M03	主轴正转	M30	程序结束	M99	子程序结束

注:M02指令与M30指令的区别在于,执行完M02指令后,光标停留在M02上;执行完M30指令后,光标停留在程序头。

学习笔记

问题 2:G00、G01、G90 和 G94 指令有哪些应用?

1. 快速定位指令 G00

快速定位即刀具以点定位控制方式从刀具所在点快速运动到下一个目标位置。

1)指令格式

```
G00 X(U) Z(W)_;
```

2)指令说明

(1)X、Z 指定刀具终点坐标。

(2)U、W 指定后一点相对前一点的增量坐标。

扫一扫

快速点定位指令G00

扫一扫

G00指令加工演示

例 2-1　分别用绝对编程和增量编程编写零件(见图 2-1-2)从 *A* 点快速定位到 *B* 点的程序。

绝对编程:

```
G00 X25.0 Z13.0;
```

增量编程:

```
G00 U0 W-22.0;
```

G00 指令是模态指令,其移动速度由厂家预先设定。运行 G00 指令时,刀具的实际运动路线有时不是直线而是折线,要注意干涉。G00 指令一般用于加工前的快速定位或快速退刀。

图 2-1-2　例 2-1 零件图

2. 直线插补指令 G01

G01 指令用于规定刀具在 xOz 平面内以插补联动方式做任意直线运动。

指令格式:

```
G01 X(U)_ Z(W)_ F_;
```

扫一扫

直线插补指令G01

扫一扫

G01指令加工演示

例 2-2　分别用绝对编程和增量编程编写零件(见图 2-1-2)从 *A* 点切削到 *B* 点的程序。

绝对编程:

```
G01 X25.0 Z13.0 F0.2;
```

增量编程:

```
G01 U0 W-22.0 F0.2;
```

G01 指令后用绝对编程还是增量编程,由用户根据情况确定,进给速度由 F 指令指定,F 指令为模态指令。

3. 外圆切削单一固定循环指令 G90

G90 指令常用于单一外圆加工和阶梯轴加工,如图 2-1-3 所示。

1)指令格式

```
G90 X(U)_Z(W)_R_ F_
```

学习笔记

扫一扫

外径内径车削循环指令G90

2)指令说明

(1)X(U)、Z(W)指定外径或内径切削终点坐标。

(2)F 指定切削进给量。

4. 端面切削循环指令 G94

G94 指令用于车端面或者粗车外圆,如图 2-1-4 所示。

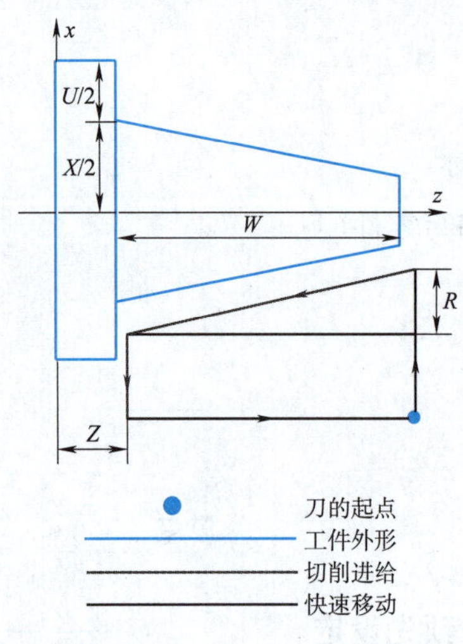

图 2-1-3　G90 走刀路线

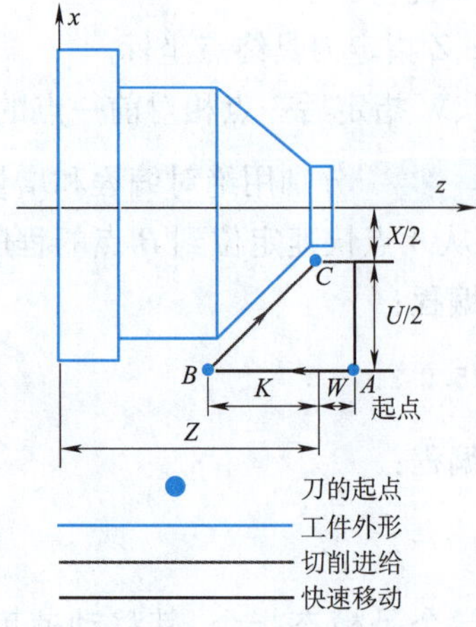

图 2-1-4　G94 走刀路线

1)指令格式

```
G94 X(U)_Z(W)_F_;
```

2)指令说明

(1)X(U)、Z(W)指定外径或内径切削终点坐标。

(2)F 指定切削进给量。

问题 3:数控车床编程格式是怎样的?

参考格式见表 2-1-2。

表 2-1-2　数控车床编程格式

程　　序	注　　释
O0001;	程序名称
T0101;	刀具号,刀偏号
M03 S500;	主轴正转,转速 500 r/min
G00 X52 Z5;	定义安全点
G01 X48 Z5 F0.2;	加工程序
G01 X48 Z-40 F0.2;	
G01 X52 Z-40 F0.2;	
G01 X52 Z5 F0.2;	
G00 X100 Z100;	返回换刀点
M05;	主轴停转
M30;	程序结束、并返回程序头

学习笔记

问题 4:图 2-1-1 所示零件图如何编程?

图 2-1-1 所示零件图的程序单见表 2-1-3。

表 2-1-3　程序单

序号	程　序	注　释
1	O0001;	程序名称
2	T0101;	刀具号,刀偏号
3	M03 S500;	主轴正转,转速 500 r/min
4	G00 X52 Z5;	定义安全点
5	G01 X0 Z0 F0.2;	精加工路线起始点
6	X38 Z0;	
7	X42 Z-2;	
8	X42 Z-30;	
9	X46 Z-30;	
10	X46 Z-36;	精加工路线终点
11	G00 X100 Z100;	返回换刀点
12	M05;	主轴停转
13	M30;	程序结束、并返回程序头

任务实施

请根据本任务介绍的数控车床编程基本指令和辅助功能指令内容,完成图 2-1-1 零件图编程,填写任务工单并进行分享汇报。

任务工单

<table>
<tr><td>班级</td><td></td><td>组号</td><td></td><td>指导教师</td><td></td></tr>
<tr><td>组长</td><td></td><td>学号</td><td colspan="3"></td></tr>
<tr><td rowspan="4">组员</td><td>姓名</td><td>学号</td><td>姓名</td><td colspan="2">学号</td></tr>
<tr><td></td><td></td><td></td><td colspan="2"></td></tr>
<tr><td></td><td></td><td></td><td colspan="2"></td></tr>
<tr><td></td><td></td><td></td><td colspan="2"></td></tr>
<tr><td colspan="6">任务分工</td></tr>
</table>

学习笔记

续表

任务准备
工作步骤

任务评价

任务 2.1 评价表见表 2-1-4，采用得分制，本任务在课程考核成绩中占比 4%。

表 2-1-4 任务 2.1 评价表

项目	评价内容	学生自评（30%）	小组互评（30%）	教师评价（40%）
素质评价（30%）	遵守纪律，遵守相关管理规定，服从安排（5 分）			
	具有安全意识、责任意识、6S 管理意识，注重节约、节能与环保（5 分）			
	学习态度积极主动，能够参加实习安排的活动（5 分）			
	具有团队合作意识，注重沟通，能够自主学习及相互协作（10 分）			
	仪容仪表符合活动要求（5 分）			
技能评价（70%）	按时按要求独立完成任务工单（40 分）			
	仿真加工工具、设备选择得当，使用符合技术要求（10 分）			
	操作规范，符合要求（5 分）			
	学习准备充分、完整（10 分）			
	注重工作效率与工作质量（5 分）			
本次得分：				
最终得分：				
教师反馈：		教师签名： 年 月 日		

学习笔记

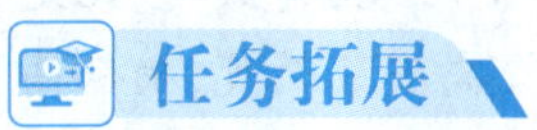

任务拓展

按图 2-1-5 完成台阶轴的程序编制，并填写程序单（见表 2-1-5）。

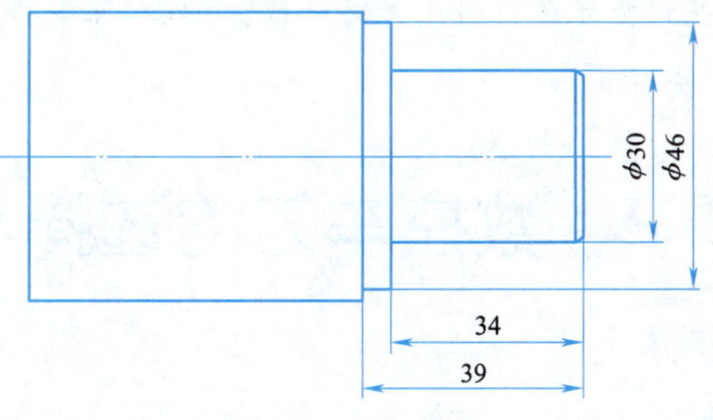

图 2-1-5　台阶轴

表 2-1-5　程序单

序号	程　序	注　解

拓展阅读

蛟龙号载人潜水器是目前世界上下潜深度最深的载人潜水器，其研制难度不亚于航天工程。在这个高精尖的重大技术攻关中，有一个普通钳工技师的身影，他就是顾秋亮——中国船舶重工集团公司某研究所水下工程研究开发部职工，蛟龙号载人潜水器首席装配钳工技师。

多年来，顾秋亮带领全组成员，保质保量完成了蛟龙号总装集成、数十次水池试验和海试过程中的蛟龙号部件拆装与维护，还和科技人员一道攻关，解决了海上试验中遇到的技术难题，用实际行动表达对祖国载人深潜事业的忠诚与热爱。作为首席装配钳工技师，工作中面对技术难题是常有的事，而每次顾秋亮都能见招拆招，靠的就是工作

学习笔记

四十余年来养成的“螺丝钉”精神。他爱琢磨善钻研，喜欢啃工作中的“硬骨头”。凡是交给他的任务，他总是绞尽脑汁想着如何改进安装方法和工具，提高安装精度，确保高质量地完成安装任务。正是凭着这股爱钻研的劲，顾秋亮在工作中练就了较强的创新和解决技术难题的技能，出色完成了各项高技术高难度高水平的工程安装调试任务。

已近古稀的顾秋亮仍坚守在科研生产第一线，为载人深潜事业不断书写我国的深蓝奇迹。

任务 2.2　数控车刀的选择与安装

任务目标

1. 了解数控车刀的种类及用途。
2. 掌握外圆刀、切刀、螺纹刀的装刀方法。
3. 明确安装刀具的注意事项。
4. 掌握数控车床的对刀方法。

素养目标

1. 通过故事导读让学生明白“石以砥焉，化钝为利”的道理。
2. 使学生认识到自我价值，才能更进一步地走向成功。

任务描述

按图 2-2-1 所示零件图选择加工刀具，并建立刀具单。

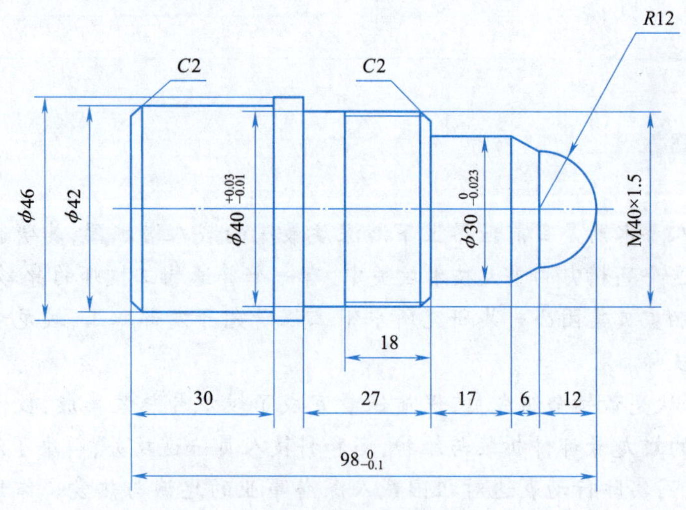

图 2-2-1　练习图

学习笔记

任务资讯

问题1:车刀的种类有哪些?

在车削过程中,由于零件的形状、大小和加工要求不同,采用的车刀也不相同。车刀的种类很多,用途各异。

1. 常用数控车刀

1)外圆车刀

外圆车刀又称尖刀,主要用于车削外圆、平面和倒角。外圆车刀一般有以下三种形状:

(1)直头尖刀。其主偏角与副偏角基本对称,一般约为45°,前角范围为5°~30°,后角范围为6°~12°。

(2)45°弯头车刀。主要用于车削不带台阶的光轴,可以车外圆、端面和倒角,使用比较方便,刀头和刀尖部分强度较高。

(3)75°强力车刀。其主偏角为75°,适用于粗车加工余量大、表面粗糙、有硬皮或形状不规则的零件,它能承受较大的冲击力,刀头强度高,耐用度高。

2)偏刀

偏刀的主偏角为90°,可车削工件的端面和台阶,有时也用来车外圆,特别是细长工件的外圆,可以避免把工件顶弯。偏刀分为左偏刀和右偏刀两种,常用的是右偏刀,它的刀刃向左。

3)切断刀和切槽刀

切断刀的刀头较长,其刀刃亦狭长,这是为了减少工件材料消耗且切断时能够切到中心。因此,切断刀的刀头长度必须大于工件的半径。切槽刀与切断刀基本相似,只不过其形状应与槽间一致。

4)扩孔刀

扩孔刀又称管孔刀,用来加工内孔。它可以分为通孔刀和不通孔刀两种,通孔刀的主偏角小于90°,一般为45°~75°,副偏角为20°~45°,扩孔刀的后角应比外圆车刀稍大,一般为10°~20°。不通孔刀的主偏角应大于90°,刀尖在刀杆的最前端,为了使内孔底面车平,刀尖与刀杆外端距离应小于内孔的半径。

5)螺纹车刀

螺纹按牙型有三角形、方形和梯形等,相应的螺纹车刀有三角形螺纹车刀、方形螺纹车刀和梯形螺纹车刀等。螺纹的种类很多,其中以三角形螺纹应用最广。采用三角形螺纹车刀车削公制螺纹时,其刀尖角必须为60°,前角取0°。常用车刀的种类和用途如图2-2-2所示。

2. 车刀的几何角度

1)车削过程中工件上形成的三个表面

车削过程中工件上形成的三个表面分别是已加工表面、待加工表面和加工表面,三个表面加工形成过程如图2-2-3所示。

学习笔记

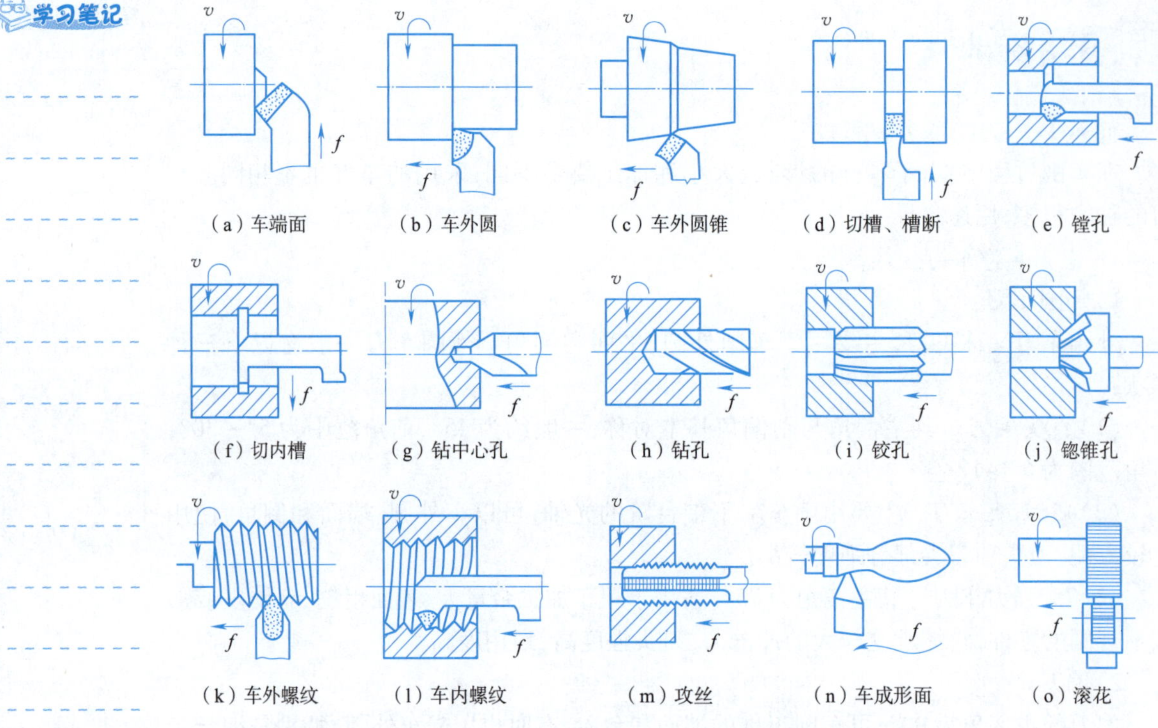

图 2-2-2　常用车刀的种类和用途

2)确定车刀角度的三个坐标平面

确定车刀角度的三个坐标平面分别为基面、切削平面和主剖面。

(1)基面。是通过切削刃上某一点并垂直于该点假定主运动方向的平面,即平行于车刀的底面。

(2)切削平面。是与切削方向相切且垂直于该点基面的平面,即切削平面与基面是相互垂直的两个平面。

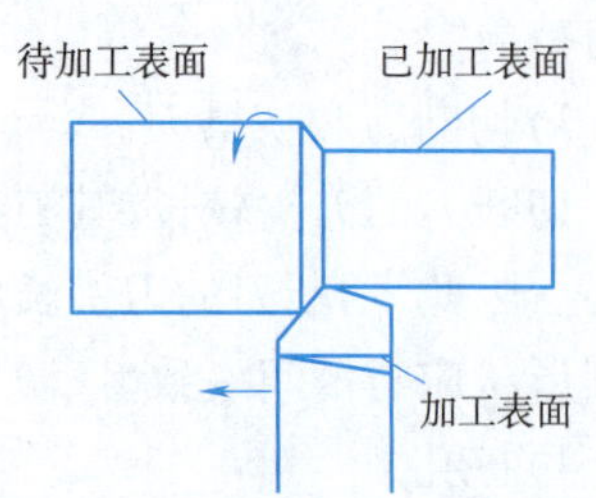

图 2-2-3　工件表面加工形成过程

(3)主剖面。是通过切削刃上某一点并垂直于切削刃的平面,即同时垂直于切削平面和基面的平面。

3)车刀的静态几何角度

(1)主偏角 κ_r。它是主切削刃在基面上的投影与进给运动方向之间的夹角,且只有正值。它的变化直接影响加工状态和质量。减小主偏角可增加主切削刃参加切削的长度,有利于散热并减小刀具的磨损,使刀具作用于工件径向的切削力增加。当工件刚性不足时,易引起工件弯曲和振动。κ_r 一般为 45°~75°,车细长轴时,为避免顶弯工件,κ_r 应为 75°~90°。

(2)副偏角 κ_r'。它是副切削刃在基面上的投影与背进给运动方向之间的夹角,且只有正值。其作用是改变副切削刃与工件已加工表面之间的摩擦程度,直接影响已加工表面的粗糙度。κ_r'较小时,可减小切削时的残留面积,相应的也就减小表面粗糙度。一般 κ_r'为 5°~10°,精加工时宜选用较小的 κ_r'。

(3)刀尖角 ε_r。它是主切削刃与副切削刃在基面上投影的夹角。它与主偏角、副偏角的关系为 $\varepsilon_r = 180° - (\kappa_r + \kappa_r')$。

(4)前角 γ_0。它是前刀面与基面间的夹角,有正、负和0值。直接影响车刀刃口的强度和锋利程度,影响切屑的变形和切削力。γ_0 增大,能使车刀刃口锋利、切削省力、切屑变形减小并使排屑方便;但 γ_0 过大,则刀尖强度被削弱,散热能力降低,容易造成磨损和崩刃。一般硬质合金车刀车削钢件时。γ_0 取 10°~25°;车削铸铁时 γ_0 取 5°~15°;高速钢车刀的 γ_0 在硬质合金车刀的基础上可适当增大。

(5)后角 a_0。它是后刀面与切削平面之间的夹角,有正、负和0值。影响车刀主后刀面与工件过渡表面之间的摩擦程度、刀刃强度和锋利程度。粗加工时为保证刀刃强度,a_0 应适当小些:精加工时为避免已加工表面擦伤,a_0 应适当增大。a_0 一般为 6°~12°。

(6)楔角 β_0。它是前刀面与后刀面之间的夹角。与前、后角的关系为 $\beta_0 = 90° - (\gamma_0 + a_0)$。

(7)刀倾角 λ_s。它是主切削刃与基面之间的夹角,有正、负和0值。刃倾角的主要作用是改变切屑的流向并影响刀头的强度。当 λ_s 取正(即刀尖在主切削刃上为最高点)时,切屑流向待加工表面;当 λ_s 取负(即刀尖在主切削刃上为最低点)时,切屑流向已加工表面;当 $\lambda_s = 0$(即主切削刃与基面平行)时,切屑沿着垂直于主切削刃的方向流出。一般 λ_s 为 -5°~10°。精加工时为防止划伤已加工表面,λ_s 应取0°或正值,粗加工时为提高刀头强度应取负值。

问题2:数控车刀如何安装?

车削前必须把选好的车刀正确安装在方刀架上,车刀安装质量,对操作及加工质量都有很大影响。安装车刀时应注意以下几点。

(1)车刀刀尖应与工件轴线等高。如果车刀装得太高,则车刀的主后面会与工件产生强烈的摩擦;如果装得太低,切削就不顺利,工件会被抬起甚至从卡盘上掉下来,或把车刀折断。为了使车刀对准工件轴线,可按机床尾架顶尖的高低进行调整。

(2)车刀不能伸出太长。因刀伸得太长,切削起来容易发生振动,使车出来的工件表面粗糙,甚至会把车刀折断;但也不宜伸出太短,太短会使车削不方便,容易发生刀架与卡盘碰撞。一般伸出长度不超过刀杆高度的1.5倍,车刀的安装如图2-2-4所示。

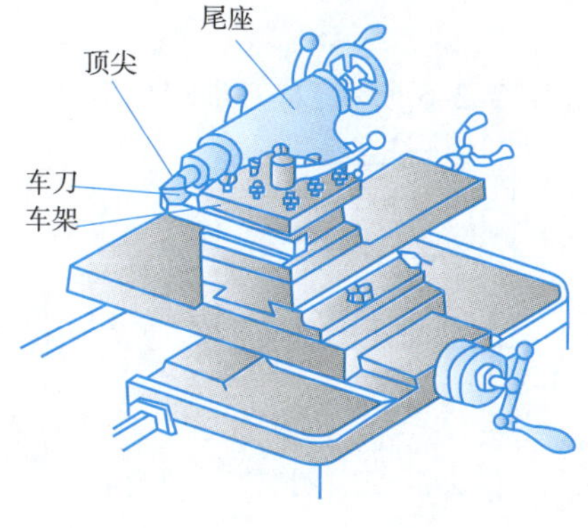

图2-2-4　车刀的安装

学习笔记

(3)每把车刀安装在刀架上时,刚好对准工件轴线的概率较低,一般会稍低,因此可用一些厚薄不同的垫片调整车刀的高低。垫片必须平整,其宽度应与刀杆一样,长度应与刀杆被夹持部分相同,同时应尽可能用少数垫片代替多数薄垫片使用,将刀的高低位置调整合适,垫片用得过多会造成车刀在车削时接触刚度变差而影响加工质量。

(4)车刀刀杆应与车床主轴轴线垂直。

(5)车刀位置装正后,应交替拧紧刀架螺钉。

在进行零件加工前,首先要进行对刀,对刀的目的是建立工件坐标系,确定工件坐标系原点相对于机床坐标系的位置。对刀操作的步骤如下:

(1)工件旋转,用 1 号刀(基准刀)车平端面。

(2)沿 x 轴退刀。此时刀具 z 轴方向不可以移动。

(3)利用 OFFSET 的测量功能输入 Z0,按"测量"按键。

(4)用 1 号刀沿 z 轴试切一小段(5 mm 左右)可供测量的光滑外圆表面。

(5)沿 z 轴退刀。此时刀具 x 轴方向不可移动。

(6)用卡尺测量被切削后光滑外圆柱面直径 D,利用 OFFSET 的测量功能输入 XD,按"测量"按键。

(7)随后的 2 号刀、3 号刀等以 1 号刀加工出来的表面和端面为基准,刀尖轻触(对准)上述表面后(不得再次切削),利用 OFFSET 的测量功能输入刀具补正值。重复步骤(3)和步骤(6)。

问题 3:不同车刀的对刀方法如何?

外圆车刀、外螺纹车刀和切断刀的对刀找正如图 2-2-5 所示。

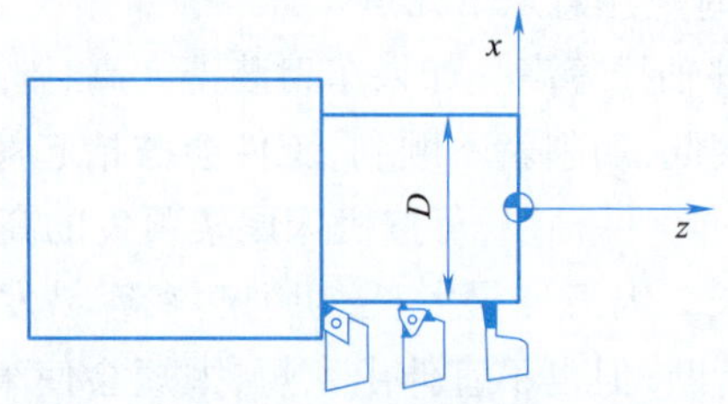

图 2-2-5 刀具对刀找正

1. 外圆车刀对刀

外圆车刀的对刀找正如图 2-2-6 所示,对刀步骤如下:

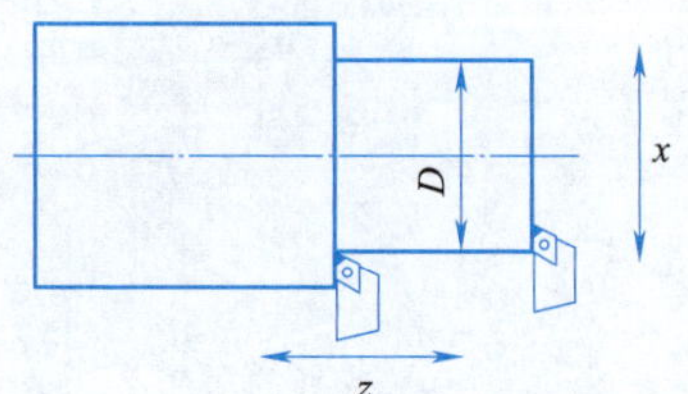

图 2-2-6 外圆车刀对刀找正

(1)外圆黏刀,测量直径 D,在刀补表 X 中对应外圆刀的刀号,利用测量功能输入 XD。

学习笔记

(2)车平端面,在刀补表 Z 中对应外圆刀的刀号利用测量功能输入 Z0。

2. 外螺纹车刀对刀

外螺纹车刀对刀找正如图 2-2-7 所示,对刀步骤如下:

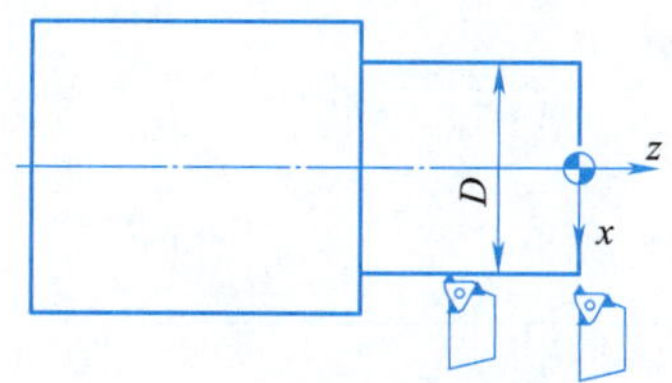

图 2-2-7　螺纹刀对刀找正

(1)用刀尖与用外圆车刀切削过的表面黏刀,在刀补表 X 中对应外螺纹刀的刀号,利用测量功能输入 XD。

(2)使外螺纹车刀的刀尖同端面在一条直线上,在刀补表 Z 中对应外螺纹刀的刀号,利用测量功能输入 Z0。

3. 切断刀对刀

切断刀对刀找正如图 2-2-8 所示,对刀步骤如下:

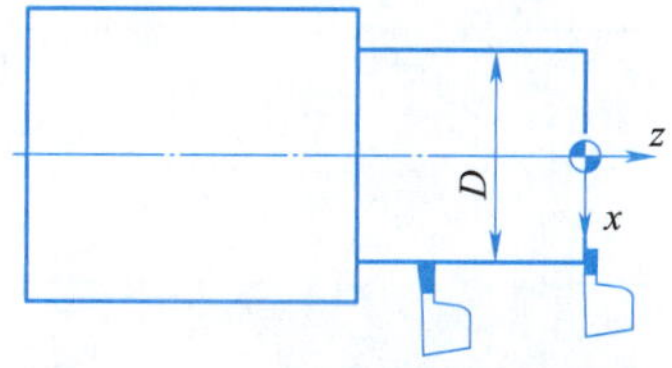

图 2-2-8　切断刀对刀找正

(1)用刀尖与车削过的外圆表面轻轻黏刀,在刀补表 X 中对应切断刀的刀号,利用测量功能输入 XD。

(2)用刀尖与端面黏刀,当有微量切屑落下时,在刀补表 Z 中对应切断刀的刀号,利用测量功能输入 Z0。

问题 4:对刀注意事项有哪些?

(1)外圆车刀、切断刀、螺纹车刀装刀要正确,车刀左外侧面应与刀架左侧平面对齐贴平。

(2)1 号基准刀将基准端面、外圆车好后,2 号刀、3 号刀等不必再车端面和外圆,在对刀时轻轻对准外圆和端面黏刀出屑,输入相应数据即可。

(3)对刀之前要返回参考点。

问题 5:刀具单的建立过程?

各刀具规格见表 2-2-1。

表 2-2-1　刀具单

序号	名称	规　　格	转速/(r/min)	进给/(mm/r)	切削量/mm	备注
1	外圆车刀	主偏角 93°~95° 副偏角 3°~5°	800	0.2	1	

续表

序号	名称	规　　格	转速/(r/min)	进给/(mm/r)	切削量/mm	备注
2	外圆车刀	主偏角 93°~95° 副偏角 50°~55°	1 000	0.1	0.5	
3	外切槽刀	3~4 mm	450	0.04	3~4	
4	外螺纹车刀	刀尖角 60°,螺距 1.5 mm	400	1.5	0.8~0.1 递减	

任务实施

请根据本任务介绍的外圆刀、切刀、螺纹刀的装刀方法完成刀具的选择及安装,进行归纳总结和小组讨论,形成课程思维导图,填写任务工单并进行分享汇报。

任务工单

<table>
<tr><td>班级</td><td></td><td>组号</td><td></td><td>指导教师</td><td></td></tr>
<tr><td>组长</td><td></td><td>学号</td><td colspan="3"></td></tr>
<tr><td rowspan="4">组员</td><td>姓名</td><td>学号</td><td>姓名</td><td colspan="2">学号</td></tr>
<tr><td></td><td></td><td></td><td colspan="2"></td></tr>
<tr><td></td><td></td><td></td><td colspan="2"></td></tr>
<tr><td></td><td></td><td></td><td colspan="2"></td></tr>
<tr><td colspan="6">任务分工</td></tr>
<tr><td colspan="6">任务准备</td></tr>
<tr><td colspan="6">工作步骤</td></tr>
</table>

学习笔记

任务评价

任务 2. 2 评价表见表 2-2-2，采用得分制，本任务在课程考核成绩中占比 4%。

表 2-2-2　任务 2. 2 评价表

<table>
<tr><th>项目</th><th>评价内容</th><th>学生自评（30%）</th><th>小组互评（30%）</th><th>教师评价（40%）</th></tr>
<tr><td rowspan="5">素质评价（30%）</td><td>遵守纪律，遵守相关管理规定，服从安排（5 分）</td><td></td><td></td><td></td></tr>
<tr><td>具有安全意识、责任意识、6S 管理意识，注重节约、节能与环保（5 分）</td><td></td><td></td><td></td></tr>
<tr><td>学习态度积极主动，能够参加实习安排的活动（5 分）</td><td></td><td></td><td></td></tr>
<tr><td>具有团队合作意识，注重沟通，能够自主学习及相互协作（10 分）</td><td></td><td></td><td></td></tr>
<tr><td>仪容仪表符合活动要求（5 分）</td><td></td><td></td><td></td></tr>
<tr><td rowspan="5">技能评价（70%）</td><td>按时按要求独立完成任务工单（40 分）</td><td></td><td></td><td></td></tr>
<tr><td>仿真加工工具、设备选择得当，使用符合技术要求（10 分）</td><td></td><td></td><td></td></tr>
<tr><td>操作规范，符合要求（5 分）</td><td></td><td></td><td></td></tr>
<tr><td>学习准备充分、完整（10 分）</td><td></td><td></td><td></td></tr>
<tr><td>注重工作效率与工作质量（5 分）</td><td></td><td></td><td></td></tr>
<tr><td colspan="2">本次得分：</td><td></td><td></td><td></td></tr>
<tr><td colspan="2">最终得分：</td><td colspan="3"></td></tr>
<tr><td colspan="2">教师反馈：</td><td colspan="3">教师签名：
年　　月　　日</td></tr>
</table>

任务拓展

1. 内孔刀如何安装？有哪些注意事项？
2. 如何钻中心孔？

拓展阅读

从油漆工到云南机械加工行业的“一把刀”，从学徒到拥有“全国劳模”“全国技术能手”等荣誉的“名匠”，云南冶金昆明重工有限公司车工耿家盛用 30 多年的执着，诠释着“工匠精神”。“车工一把刀，磨刀是最基本，也是最难的。”对耿家盛来说，他的工作往简单了讲就是磨刀，往难了说是磨好刀。“我只是坚持把一件普通的事情努力做好而已。”

“这两把车刀意义非凡，一把是父亲留给我的。另一把双头车刀，一头是师父磨的，另一头是我磨的。”出生于技术工人家庭的耿家盛，1982 年技校毕业后，先是在昆明铣床

学习笔记

厂当油漆工，两年后，他调入昆明重机厂改行当了车工。零基础的他，从最基本的摇手柄学起，在厂里请教老师傅，回家就问同为车工的父亲。勤学苦练的耿家盛很快成为骨干，"车工就玩一把刀，刀好活就不会差，否则就算不上合格"，耿家盛从工具箱中又翻出几把车刀说。如果掌握不好磨刀要领，车刀用起来就容易报废，尤其是特殊材料，就会造成浪费。工作30多年，到底磨过多少把车刀，耿家盛自己也记不清了。每把车刀都得靠手工在3 000 r/min的砂轮机上打磨，多的时候一个月要磨10～20把，少的时候也得3～5把。

任务2.3　数控车床夹具的选择

任务目标

1. 了解不同零件夹具的选择方法。
2. 掌握不同夹具的使用方法。
3. 掌握不同夹具使用的注意事项。

素养目标

1. 通过拓展阅读让学生了解工匠精神是干一行、爱一行、专一行、精一行，务实肯干、坚持不懈、精雕细琢的敬业精神。

2. 使学生对未来树立明确目标，为就业打好基础。

任务描述

按图2-3-1所示零件图选择合理装夹方式。

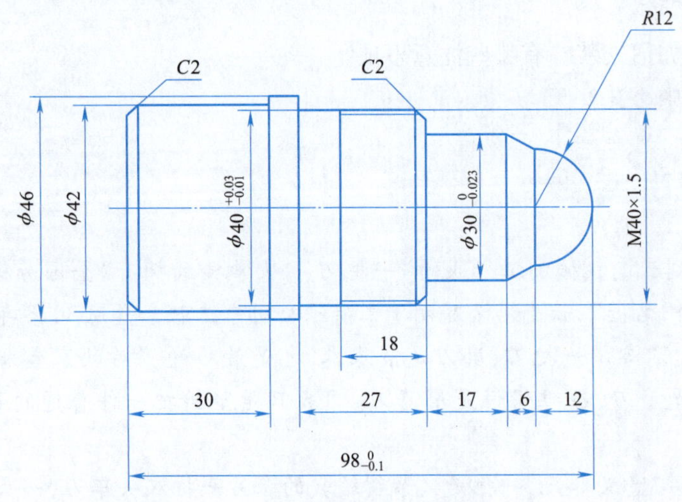

图2-3-1　练习图

学习笔记

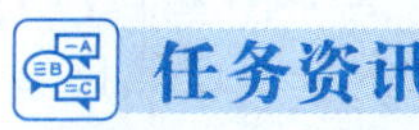

问题1:工件安装通用夹具有哪些?

工件安装的主要任务是使工件准确定位并夹持牢固。由于各种工件的形状和大小不同,因而安装工件的方法也各有不同。

1. 三爪卡盘

三爪卡盘是车床最常用的夹具,如图2-3-2所示。三爪卡盘上的三爪是同时动作的,可以达到自动定心兼夹紧的目的。三爪卡盘装夹工件方便,但定心精度不高(爪受到磨损所致),工件上同轴度要求较高的表面,应尽可能在一次装夹中车出,因其传递的扭矩也不大,故三爪卡盘适合夹持圆柱形、六角形等中小工件。当安装直径较大的工件时,可使用"反爪"。

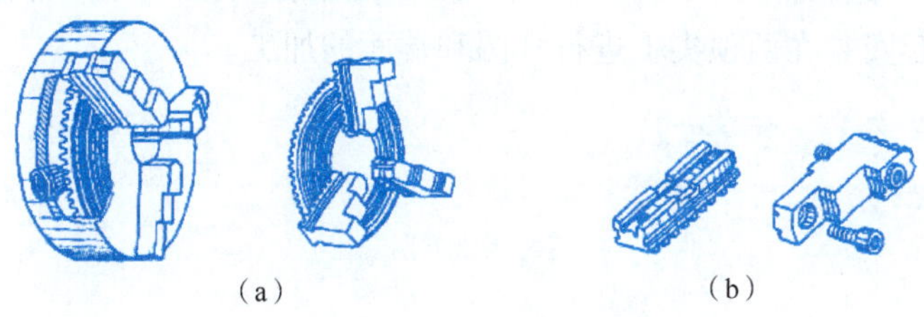

图2-3-2　三爪卡盘

2. 四爪卡盘

四爪卡盘也是车床常用夹具,其结构及装夹原理如图2-3-3所示。四爪卡盘上的四个爪分别通过转动螺杆实现单动。根据加工的要求,利用划针盘校正后,四爪卡盘的安装精度比三爪卡盘要高,其夹紧力大,适用于夹持较大的圆柱形或形状不规则的工件。

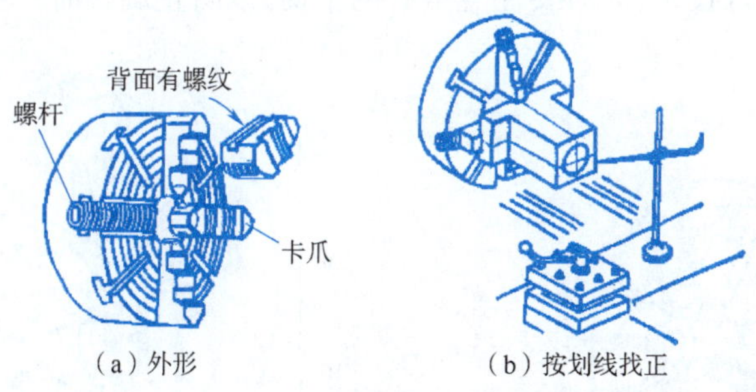

图2-3-3　四爪卡盘的结构及装夹原理

问题2:工件较长,夹持很少或没有夹持位置如何选择装夹方式?

1. 顶尖

常用顶尖分为死顶尖和活顶尖两种。死顶尖用于夹持较长或加工工序较多的轴类工件,以保证工件同轴度要求,如图2-3-4(a)所示。使用活顶尖时,工件支承在前后两顶尖间,常采用两顶尖的装夹方法由卡箍、拨盘带动旋转。前顶尖装在主轴锥孔内,与

学习笔记

主轴一起旋转；后顶尖装在尾架锥孔内固定不转。有时也可用三爪卡盘代替拨盘，如图 2-3-4(b) 所示，此时前顶尖用一段钢棒车成，夹在三爪卡盘上，卡盘卡爪通过鸡心夹头带动工件旋转。

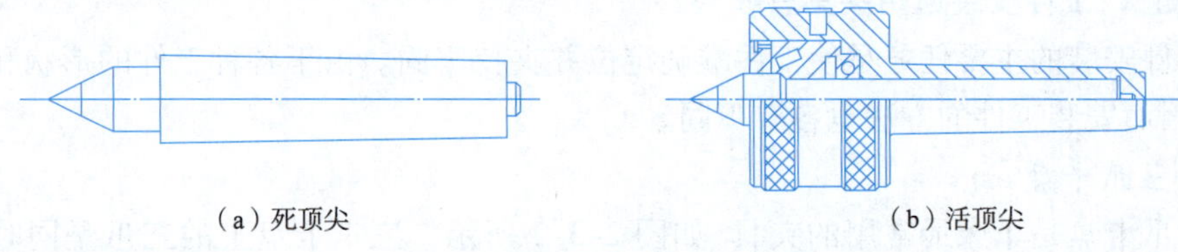
(a) 死顶尖　　(b) 活顶尖

图 2-3-4　顶尖的结构

2. 心轴

精加工盘套类零件时，若孔与外圆的同轴度，成孔与端面的垂直度要求较高，工件须在心轴上装夹并进行加工，如图 2-3-5 所示。加工时应先加工孔，然后以孔定位安装在心轴上，再一起安装在两顶尖上进行外圆和端面的加工。

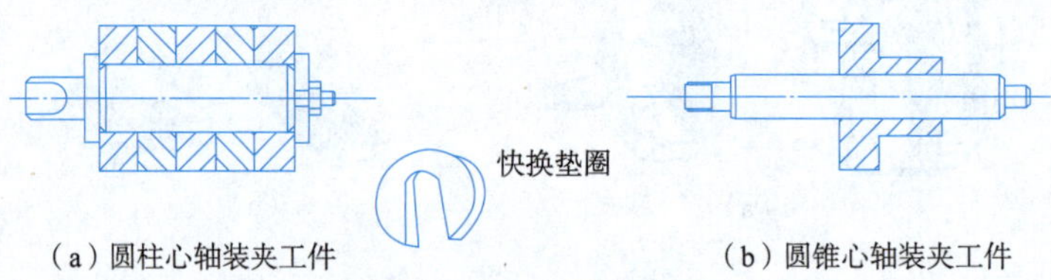

(a) 圆柱心轴装夹工件　　(b) 圆锥心轴装夹工件

图 2-3-5　通过心轴装夹工件

问题 3：异形零件如何装夹？

在车削形状不规则或形状复杂的工件时，三爪卡盘、四爪卡盘或顶尖都无法装夹，必须用花盘进行装夹，如图 2-3-6 所示。花盘工作面上有许多长短不等的径向导槽，使用时配以角铁、压块、螺栓、螺母、垫块和平衡铁等，可将工件装夹在盘面上。安装时要按工件的划线痕进行找正，同时要注意重心的平衡，以防止旋转时产生振动。

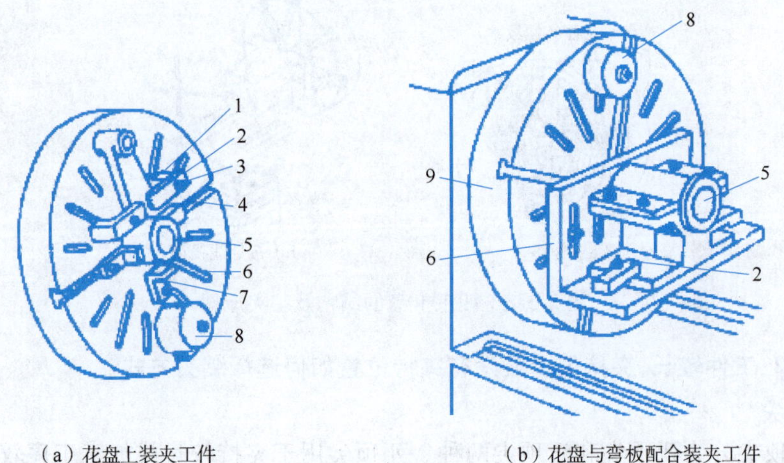

(a) 花盘上装夹工件　　(b) 花盘与弯板配合装夹工件

1—垫铁；2—压板；3—压板螺钉；4—T 形槽；5—工件；6—弯板；7—可调螺钉；8—配重铁；9—花盘。

图 2-3-6　工件在花盘上的安装

学习笔记

问题 4:加工细长轴时为防止变形,应该选择何种装夹方式?

当车削长度为直径 20 倍以上的细长轴或端面带有深孔的细长工件时,由于工件本身的刚性很差,当受到切削力的作用时,往往容易产生弯曲变形和振动,容易把工件车成两头细中间粗的腰鼓形。为防止上述现象发生,需要附加辅助支承,即中心架或跟刀架。中心架主要用于加工有台阶或需要调头车削的细长轴,如图 2-3-7 所示。

对不适合调头车削的细长轴,不能用中心架支承,而要用跟刀架支承进行车削,以增加工件的刚性,如图 2-3-8 所示。

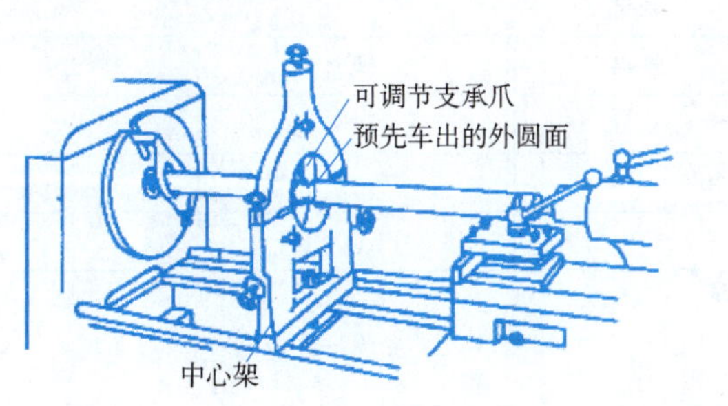

图 2-3-7 用中心架车削外圆、内孔及端面

图 2-3-8 用跟刀架车削工件

跟刀架固定在床鞍上,一般有两个支承爪,可以跟随车刀移动抵消径向切削力,图 2-3-9(a)所示为两爪跟刀架,但由于工件本身的重力以及偶然的弯曲,车削时工件会瞬时离开和它接触的支承爪而产生振动。比较理想的中心架是三爪中心架,车削时工件比较稳定,不易产生振动,如图 2-3-9(b)所示。

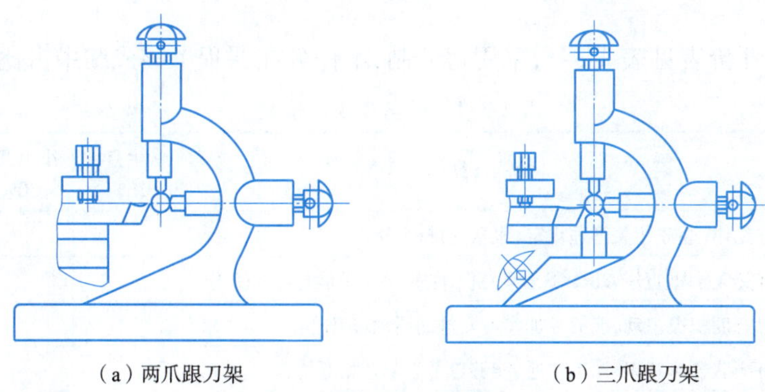

图 2-3-9 跟刀架

学习笔记

任务实施

请根据本任务介绍的工件装夹方法完成零件的安装,进行归纳总结,小组讨论,形成课程思维导图,填写任务工单并进行分享汇报。

任务工单

班级		组号		指导教师	
组长		学号			
组员	姓名	学号	姓名	学号	
任务分工					
任务准备					
工作步骤					

任务评价

任务 2. 3 评价表见表 2-3-1,采用得分制,本任务在课程考核成绩中占比 4%。

表 2-3-1　任务 2. 3 评价表

项目	评价内容	学生自评(30%)	小组互评(30%)	教师评价(40%)
素质评价(30%)	遵守纪律,遵守相关管理规定,服从安排(5 分)			
	具有安全意识、责任意识、6S 管理意识,注重节约、节能与环保(5 分)			
	学习态度积极主动,能够参加实习安排的活动(5 分)			
	具有团队合作意识,注重沟通,能够自主学习及相互协作(10 分)			
	仪容仪表符合活动要求(5 分)			

学习笔记

续表

项目	评价内容	学生自评（30%）	小组互评（30%）	教师评价（40%）
技能评价（70%）	按时按要求独立完成任务工单(40分)			
	仿真加工工具、设备选择得当,使用符合技术要求(10分)			
	操作规范,符合要求(5分)			
	学习准备充分、完整(10分)			
	注重工作效率与工作质量(5分)			
本次得分:				
最终得分:				
教师反馈:		教师签名: 年　月　日		

任务拓展

1. 简述细长轴如何装夹、加工。
2. 简述双顶装夹的注意事项。

拓展阅读

张冬伟是个“80后”,但手里的活儿却让老师傅们竖起大拇指。他是沪东中华造船集团有限公司某车间电焊一组班组长、高级技师,主要从事LNG(液化天然气船围护系统)的焊接工作。所获奖励无数:2005年度中央企业职业技能大赛焊工比赛铜奖,2006年第二十届中国焊接博览会优秀焊工表演赛一等奖。他是当今世界最先进、建造难度最大的45 000 t集装箱滚装船的建造骨干工人。

LNG船是国际上公认的高技术、高难度、高附加值的“三高”船舶。作为LNG船核心的围护系统,焊接是重中之重。围护系统使用的殷瓦钢薄如蝉翼,殷瓦钢焊接犹如在钢板上“绣花”,对操作人员的技术、耐心和责任心要求非常高。面对肩上的重担,张冬伟不断地磨炼自己的心性,培养专注度,潜心研究焊接工艺。为了攻破技术难关,他与技术人员放弃休息时间,日夜埋头图纸堆中,潜心钻研技术突破。最终,他主持的实验取得成功并用于LNG船实船生产。

张冬伟特别注意经验的积累总结,国内没有现成的作业标准,他就不断摸索完善各类焊接工艺,先后参与编写了多部作业指导书,为提高LNG船生产效率,保证产品质量发挥了积极作用。

张冬伟是中国广大“造船工匠”的杰出代表,他用自己火红的青春谱写了一曲执着于国家海洋装备建设的奉献之歌。

学习笔记

任务 2.4 FANUC 0i 系统数控车床常用编程指令应用

任务目标

1. 了解数控车床圆弧指令 G02、G03 指令的含义。
2. 掌握数控车床圆弧指令 G02、G03 指令的编程方法及加工方法。
3. 了解数控车床刀具半径补偿 G41、G42、G40 指令的含义。
4. 掌握数控车床刀具半径补偿 G41、G42、G40 指令的编程方法及加工方法。

素养目标

1. 通过拓展阅读让学生明白学技术重要，但是学做人更重要，优秀的品德更被社会认可。

2. 使学生明确目标，树立信心。

任务描述

按图 2-4-1 所示零件图编写圆弧精加工程序。

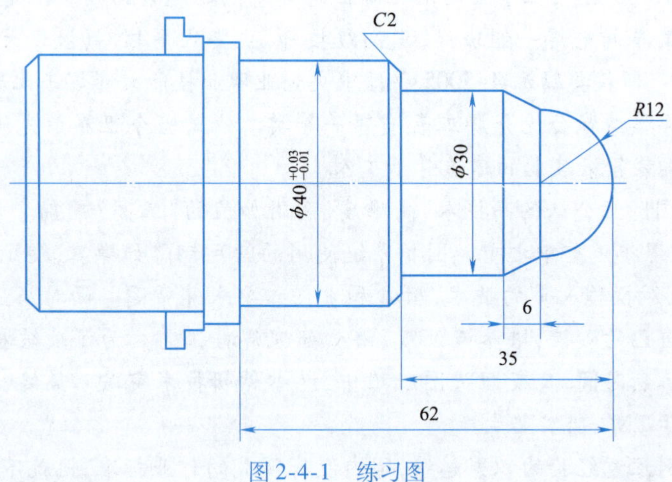

图 2-4-1 练习图

任务资讯

问题 1：圆弧如何编程？

1. 圆弧插补指令

圆弧插补指令使刀具沿着圆弧运动，切出圆弧轮廓。圆弧插补运动有顺、逆之分，

G02 为顺时针圆弧插补指令，G03 为逆时针圆弧插补指令。顺、逆圆弧插补指令按右手直角笛卡儿坐标系和右手定则判定：建立工件坐标系后，沿 y 轴负方向看，走刀方向绕 y 轴顺时针方向转动为顺圆，反之为逆圆，如图 2-4-2 所示。

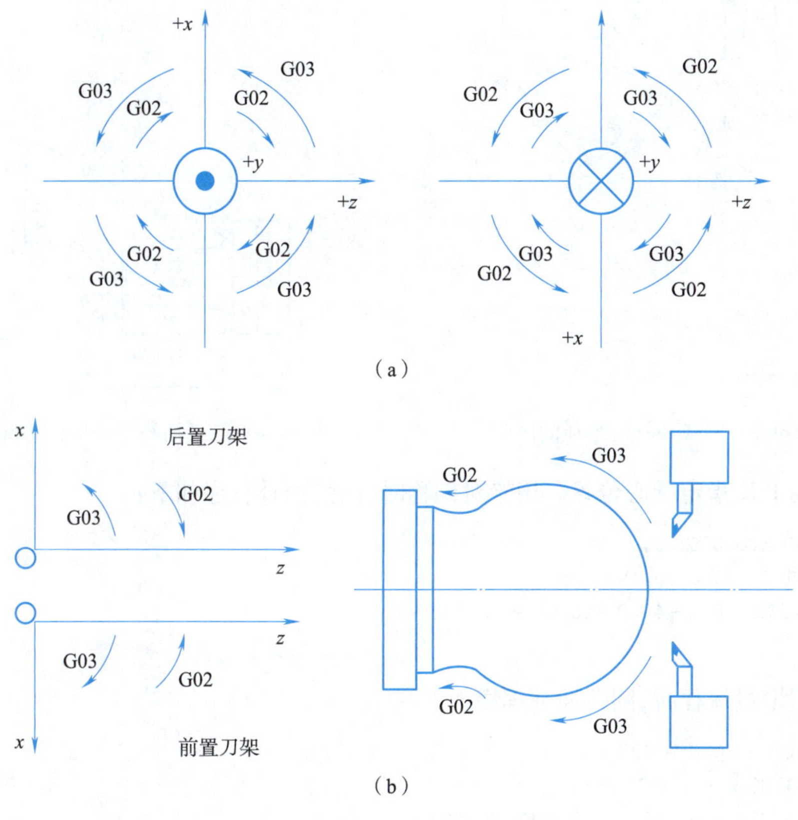

图 2-4-2　圆弧顺、逆的判断

1）指令格式

```
G02 X(U)_Z(W)_R_(I_K_)F_;
G03 X(U)_Z(W)_R_(I_K_)F_;
```

2）指令说明

（1）X、Z 指定圆弧终点在工件坐标系中的绝对坐标值。

（2）U、W 指定圆弧终点相对于圆弧起点的增量值。

（3）R 指定圆弧半径。

（4）F 指定刀具的进给量，根据切削要求确定。

（5）I、K 指定圆弧的圆心相对圆弧起点在 x 轴、z 轴方向的坐标增量。

当用半径方式指定圆心位置时，在同一半径的情况下，从圆弧的起点到终点有两个圆弧的可能性，为区别两者，规定圆心角 $\alpha \leq 180°$ 时，半径为正，如图 2-4-3 中的圆弧 1；$\alpha > 180°$ 时，半径为负，如图 2-4-3 中的圆弧 2。

学习笔记

扫一扫

G02指令加工演示

扫一扫

G03指令加工演示

例 2-3 编写图 2-4-4 所示零件圆弧的插补程序。

图 2-4-3 圆弧插补时半径的区分

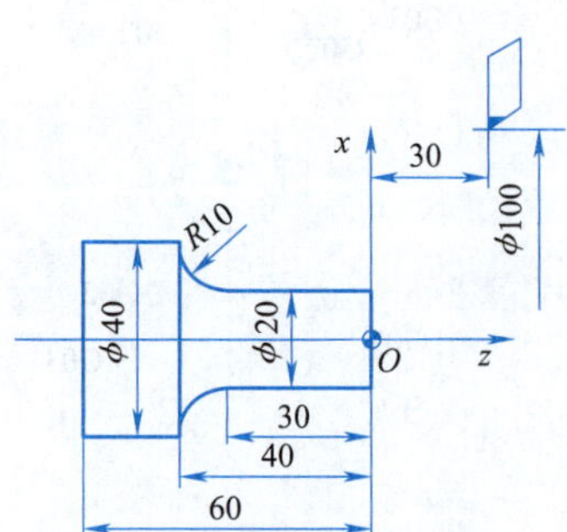

图 2-4-4 圆弧插补指令编程实例

(1)用 I、K 指定圆心位置。用绝对编程时,圆弧插补程序如下:

```
N30 G00 X20.0 Z2.0;
N40 G01 Z-30.0 F0.15;
N50 G02 X40.0 Z-40.0 I10.0 K0 F0.10;
…
```

(2)用增量编程时,圆弧插补程序如下:

```
N30 G00 U-80.0 W-28.0;
N40 G01 U0 W-32.0 F0.15;
N50 G02 U20.0 W-10.0 I10.0 K0 F0.10;
…
```

(3)用 R 指定圆心位置。用绝对编程时,圆弧插补程序如下:

```
N30 G00 X20.0 Z2.0;
N40 G01 Z-30.0 F0.20;
N50 G02 X40.0 Z-40.0 R10.0 F0.10;
```

(4)用增量编程时,圆弧插补程序如下:

```
N30 G00 U-80.0 W-28.0;
N40 G01 U0 W-32.0 F0.20;
N50 G02 U20.0 W-10.0 R10.0 F0.10;
```

使用圆弧插补指令编程时,需要注意以下几点:

(1)圆弧在多个象限时,该指令可以连续执行。

(2)在圆弧插补程序段内不能有刀具功能指令。

(3)用半径指定圆心位置时,只能用于非整圆的圆弧加工,不能用于整圆加工。

(4)指定小于 1/2 起点到终点距离的半径值时,按 180°圆弧计算。

(5)当 I、K 和 R 尺寸字同时被指定时,R 尺寸字优先,I、K 尺寸字无效。

学习笔记

问题2:刀具刀尖不是尖点带有圆角,直接使用圆弧指令编程加工会不会有误差?

1. 刀尖圆弧半径补偿的目的

数控车床编程时,车刀的刀尖理论上是一个点,但通常情况下,为了提高刀具的使用寿命并降低零件的表面粗糙度,将车刀刀尖磨成圆弧状,刀尖圆弧半径一般取0.2～1.6 mm,如图2-4-5所示。切削时,实际起作用的是圆弧上的各点。在切削圆柱内、外表面及端面时,刀尖的圆弧不影响零件的尺寸和形状,但在切削圆弧面及圆锥面时,就会产生过切或欠切等加工误差,如图2-4-6所示。若零件的精度要求不高或留有足够的精加工余量时,可以忽略此误差,否则应考虑刀尖圆弧半径对零件的影响。

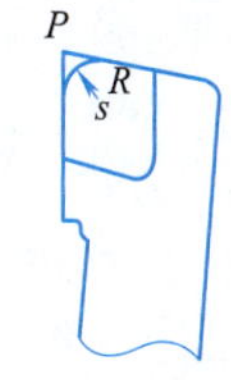

图2-4-5　刀尖圆弧与刀尖

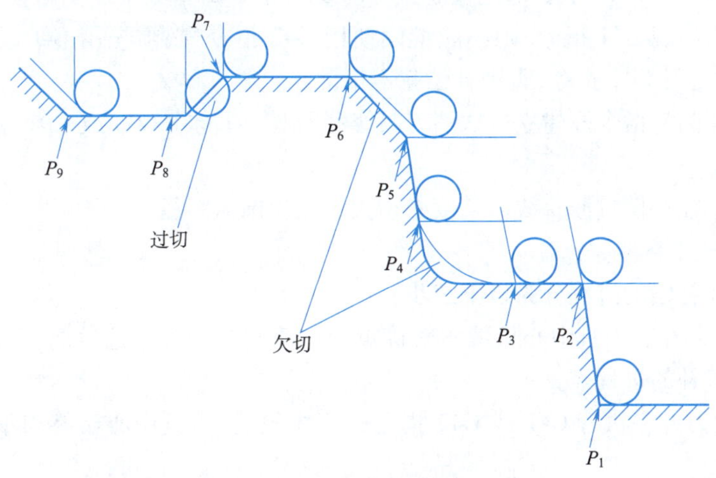

图2-4-6　刀尖圆弧造成的过切与欠切

数控车床的刀具半径补偿功能是通过刀尖圆弧半径补偿消除刀尖圆弧半径对零件精度的影响。具有刀具半径补偿功能的数控车床,编程时不用计算刀尖半径的中心轨迹,只需按零件轮廓编程,并在加工前输入刀具半径数据,通过程序中的刀具半径补偿指令,数控装置可自动计算出刀具中心轨迹,并使刀具中心按此轨迹运动。即执行刀具半径补偿后,刀具中心将自动在偏离工件轮廓一个半径值的轨迹上运动,从而加工出所需要的工件轮廓。

2. 刀尖圆弧半径补偿指令

(1)G41:刀具半径左补偿指令。沿刀具运动方向看,刀具在工件左侧时,称为刀具半径左补偿,如图2-4-7(a)所示。

(2)G42:刀具半径右补偿指令。沿刀具运动方向看,刀具在工件右侧时,称为刀具半径右补偿,如图2-4-7(b)所示。

(3)G40:取消刀具半径补偿指令。可用于取消刀具半径补偿。

(4)指令格式

```
G41 G01(G00)X(U)_Z(W)_F_;
G42 G01(G00)X(U)_Z(W)_F_;
G40 G01(G00)X(U)_Z(W)_;
```

扫一扫

刀尖圆弧半径补偿指令G40、G41、G42

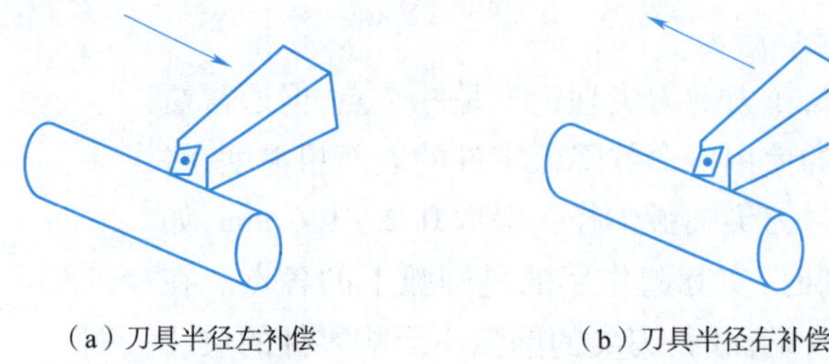

（a）刀具半径左补偿　　（b）刀具半径右补偿

图 2-4-7　刀具半径补偿

（5）指令说明

①G41、G42 和 G40 指令都是模态指令。G41 和 G42 指令不能同时使用，即前面的程序段中如果出现 G41 指令，则不能继续使用 G42 指令，必须先用 G40 指令取消 G41 指令后，才能使用 G42 指令，否则补偿就不正常。

②不能在圆弧指令段建立或取消刀具半径补偿，只能在 G00 或 G01 指令段建立或取消。

③指定半径补偿过渡直线段长度必须大于刀尖圆弧半径。

3. 刀具半径补偿的过程

刀具半径补偿的过程分为以下三步：

（1）建立刀补。刀具中心从编程轨迹重合过渡到与编程轨迹偏离一个偏移量的过程即为建立刀补的过程。

（2）执行刀补。执行 G41 或 G42 指令的程序段后，刀具中心始终与编程轨迹相距一个偏移量。

（3）取消刀补。刀具离开工件，刀具中心轨迹过渡到与编程重合的过程即为取消刀补的过程。图 2-4-8 所示为刀补建立与取消的过程。

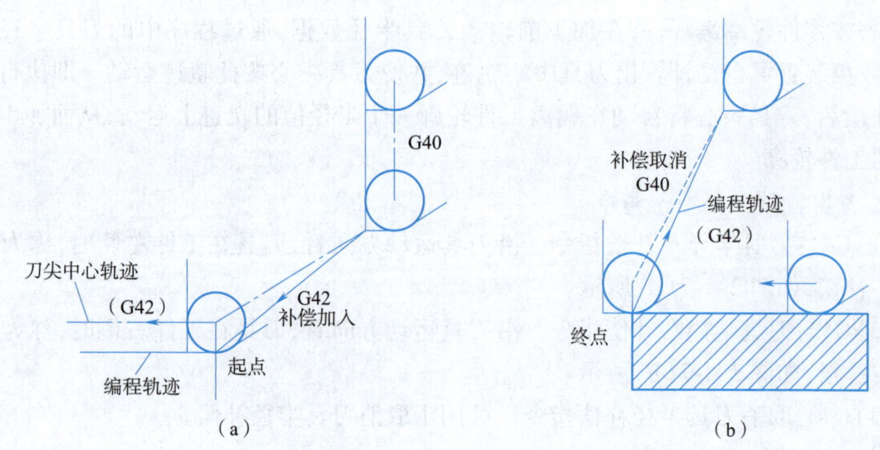

图 2-4-8　刀具半径补偿的建立与取消

4. 刀尖方位的确定

刀具半径补偿功能的执行除了和刀具刀尖半径大小有关，还和刀尖的方位有关。

不同的刀具,刀尖圆弧的位置不同,刀具自动偏离零件轮廓的方向就不同。如图 2-4-9 所示,车刀方位有 9 个,分别用参数 0 ~9 表示。

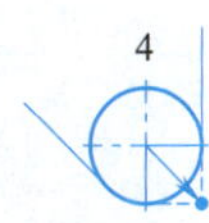

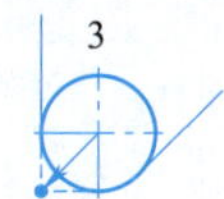

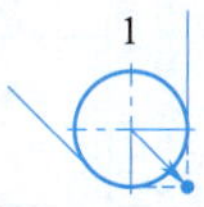

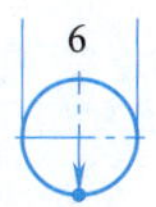

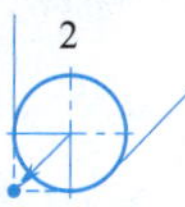

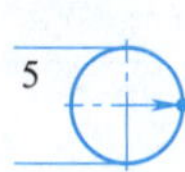

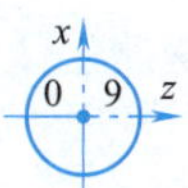

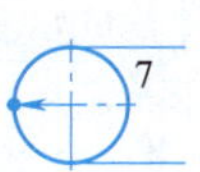

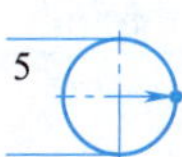

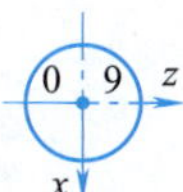

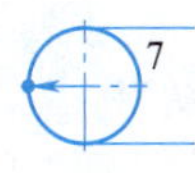

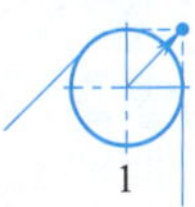

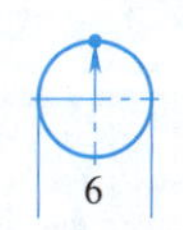

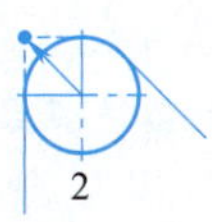

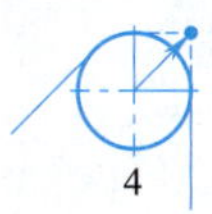

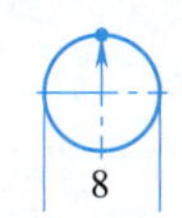

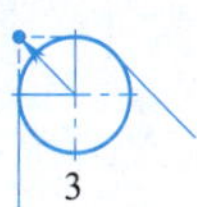

(a) 后置刀架　　(b) 前置刀架

图 2-4-9　刀尖方位号

问题 3:图 2-4-1 所示零件图如何编程?

图 2-4-1 所示零件图的程序单见表 2-4-1。

表 2-4-1　程序单

序号	程　序	注　释
1	O0001;	程序名称
2	T0101;	刀具号, 刀偏号
3	M03 S500;	主轴正转, 转速 500 r/min
4	G00 X52 Z5;	定义安全点
5	G01 X0 Z0 F0.2;	精加工路线起始点(圆弧起点)
6	G03 X24 Z−12 R12;	逆时针圆弧指令、定义圆弧终点、定义圆弧半径
7	G01 X30 Z−18;	锥面加工
8	X30 Z−35;	
9	X36 Z−35;	
10	X40 Z−37;	
	X40 Z−62;	精加工路线终点
11	G00 X100 Z100;	返回换刀点
12	M05;	主轴停转
13	M30;	程序结束、并返回程序头

任务实施

请根据本任务介绍的圆弧指令、刀补指令完成任务编程,进行归纳总结,小组讨论,形成课程思维导图,填写任务工单并进行分享汇报。

学习笔记

任务工单

班级		组号		指导教师	
组长		学号			
组员	姓名	学号	姓名	学号	
任务分工					
任务准备					
工作步骤					

任务评价

任务 2.4 评价表见表 2-4-2，采用得分制，本任务在课程考核成绩中占比 4%。

表 2-4-2　任务 2.4 评价表

项目	评价内容	学生自评（30%）	小组互评（30%）	教师评价（40%）
素质评价（30%）	遵守纪律，遵守相关管理规定，服从安排（5 分）			
	具有安全意识、责任意识、6S 管理意识，注重节约、节能与环保（5 分）			
	学习态度积极主动，能够参加实习安排的活动（5 分）			
	具有团队合作意识，注重沟通，能够自主学习及相互协作（10 分）			
	仪容仪表符合活动要求（5 分）			

学习笔记

续表

项目	评价内容	学生自评（30%）	小组互评（30%）	教师评价（40%）
技能评价（70%）	按时按要求独立完成任务工单（40 分）			
	仿真加工工具、设备选择得当，使用符合技术要求（10 分）			
	操作规范，符合要求（5 分）			
	学习准备充分、完整（10 分）			
	注重工作效率与工作质量（5 分）			
本次得分：				
最终得分：				
教师反馈：		教师签名： 年　　月　　日		

任务拓展

按图 2-4-10 所示练习图编写精加工路线，并填写程序单（见表 2-4-3）。

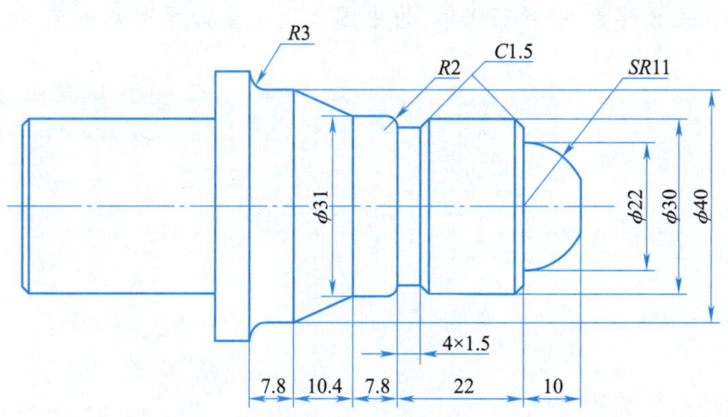

图 2-4-10　练习图

表 2-4-3　程序单

序号	程　　序	注　　释

学习笔记

拓展阅读

“学技术是其次,学做人是首位,干活要凭良心。”胡双钱喜欢把这句话挂在嘴边,这也是他技工生涯的注脚。

胡双钱是某飞机制造有限公司的高级技师,一位坚守航空事业35年、加工数十万飞机零件无一差错的普通钳工。对质量的坚守,已经是融入血液的习惯。他心里清楚,一次差错可能就意味着无可估量的损失。他用自己总结归纳的“对比复查法”和“反向验证法”,在飞机零件制造岗位上创造了35年零差错的纪录,连续12年被公司评为“质量信得过岗位”,并授予产品免检荣誉证书。胡双钱不仅无差错,还特别能攻坚,在ARJ21新支线飞机项目和大型客机项目的研制和试飞阶段,设计定型及各项试验的过程中会产生许多特制件,这些零件无法进行大批量、规模化生产,钳工是进行零件加工最直接的手段。胡双钱几十年的积累和沉淀开始发挥作用,他攻坚克难,创新工作方法,圆满完成了ARJ21-700飞机起落架钛合金作动筒接头特制件制孔、C919大型客机项目平尾零件制孔等各种特制件的加工工作。胡双钱先后获得全国五一劳动奖章、全国劳动模范、全国道德模范称号。

“一定要把我们自己的装备制造业搞上去,一定要把大飞机生产出来。”胡双钱现在最大的愿望是:“最好再干10年、20年,为中国大飞机生产再多做一点。”

任务2.5　FANUC 0i系统数控车循环编程指令应用

任务目标

1. 了解循环指令编程方法。
2. 掌握指令参数的含义。
3. 灵活应用循环指令。

素养目标

1. 通过拓展阅读让学生明白平凡工作岗位的意义。
2. 使学生明白只要做专、做精本职工作,平凡岗位会有更大成就。

任务描述

根据图2-5-1所示零件图尺寸,使用G71、G70指令完成零件外轮廓加工。

学习笔记

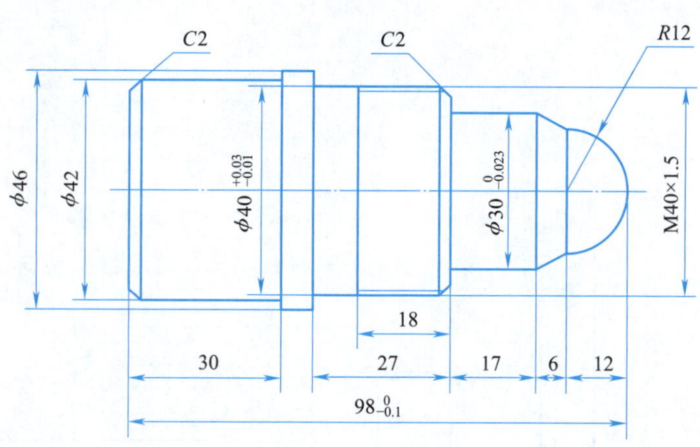

图 2-5-1　练习图

扫一扫

G71加工模型过程展示

任务资讯

问题 1:G71 粗加工循环指令格式是什么？如何应用？

1. 指令格式

```
G71 UΔd Re;
G71 Pns Qnf UΔu WΔw F_S_T_;
```

2. 指令说明

(1)Δd 为粗车时 *x* 轴方向每次切削深度,一般 45 钢取 1 ~2 mm,铝件取 1. 5 min。

(2)e 表示 *x* 轴方向退刀量,一般取 0. 5 ~1 mm,半径值。

(3)ns 为精加工程序段中的第一个程序段序号。

(4)nf 为精加工程序段中的最后一个程序段序号。

(5)Δu 为 *x* 轴方向精加工余量,取 0. 4 ~0. 5 mm,直径值。

(6)Δw 为 *z* 轴方向的精加工余量,取 0. 02 ~0. 1 mm。

(7)F 指定进给量,S 指定主轴转速,T 指定刀具号。粗加工时,F、S、T 指令有效;精加工时,只有处于 ns 到 nf 程序段之间的 F、S、T 指令有效。

注意:ns 程序段必须为 G00/G01 指令编程,ns 到 nf 程序段之间不能包含子程序。

3. 使用 G71 指令时工件形状单向递增或递减

G71 指令加工路线如图 2-5-2 所示。

问题 2:使用 G71 粗加工后,如何使用 G70 精加工循环指令进行精加工？

1. 指令格式

```
G70 Pns Qnf;
```

2. 指令说明

(1)ns 为精加工形状程序段中的开始程序段号。

(2)nf 为精加工形状程序段中的结束程序段号。

学习笔记

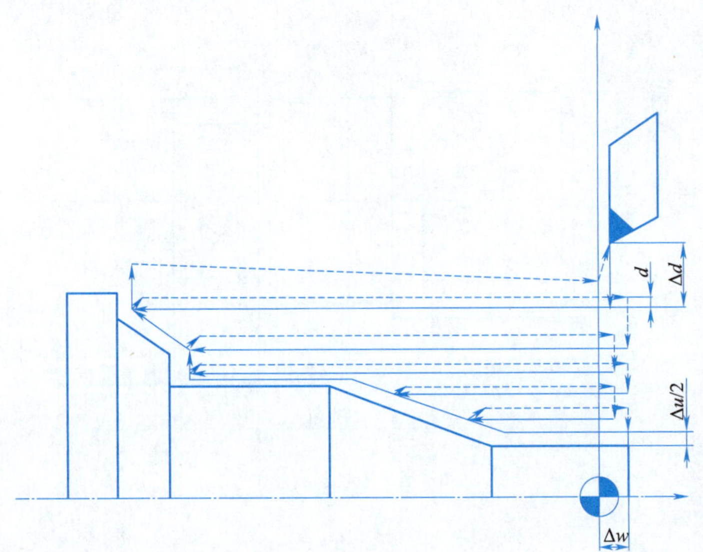

图 2-5-2　G71 指令加工路线

例 2-4　材料为铝棒料，毛坯尺寸为 ϕ105 mm × 150 mm。工件采取一夹一顶方式装夹，以工件右端面中心处为坐标原点建立工件坐标系（见图 2-5-3），编写程序如下：

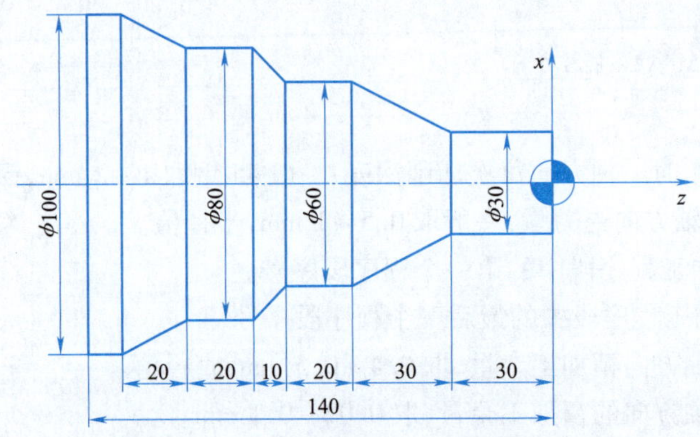

图 2-5-3　G70 指令加工零件图

程　　序	注　　释
O001;	
N10 M03 S500 F0. 2;	主轴正转，转速 500 r/min，进给量 0. 2 mm/r
N20 T0101;	换 1 号刀
N30 G00 X107. 0 Z2. 0;	快速进刀至循环起点
N40 G71 U2. 0 R0. 5;	指定粗车时每次的切削深度和退刀距离
N50 G71 P60 Q130 U0. 8 W0. 02;	指定精车路线及精加工余量
N60 G00 X30. 0;	精加工外形轮廓起始程序段
N70 G01 Z－30. 0;	
N80 X60. 0 Z－60. 0;	

续表

程　序	注　释
N90 Z－80.0;	
N100 X－80.0 W－10.0;	
N110 W－20.0;	
N120 X100.0 W－20.0;	
N130 W－10.0;	精加工外形轮廓结束程序段
N140 G00 X100. ;	
N150 M05;	
N160 T0202 S1200 M03 F0.10;	
N170 G00 X107.0 Z2.0;	
N180 G70 P60 Q130;	精加工循环
N190 G00 X100.0 Z100.0;	快速回换刀点
N200 M05;	
N210 M30;	程序结束

学习笔记

问题 3:除了 G71、G70 还有哪些循环指令？如何应用？

1. G72 端面粗车复合循环指令

G72 指令适用于对大小径之差较大而长度较短的盘类工件端面等复杂形状粗车，其走刀方向如图 2-5-4 所示。

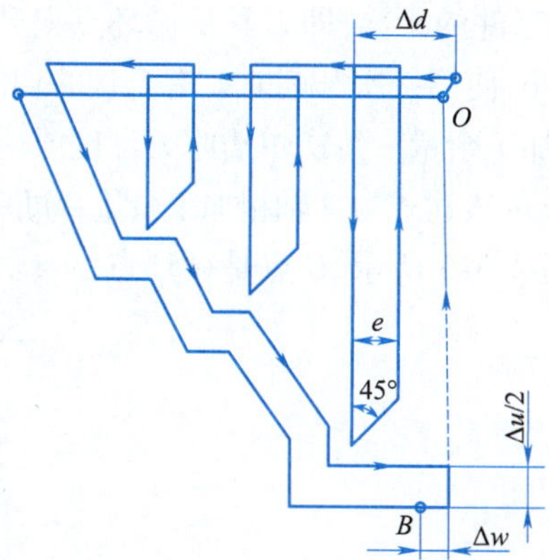

图 2-5-4　G72 指令走刀路线

1)指令格式

```
G72 WΔd Re;
G72 Pns Qnf UΔu WΔW F_S_T;
```

2)指令说明

(1)Δd 为粗车时 z 轴方向每次切削深度。

(2)e 表示 z 轴方向退刀量。

其余各尺寸字的含义与 G71 指令完全相同。

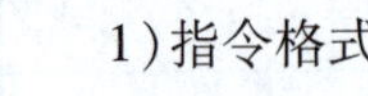
学习笔记

扫一扫

G73指令加工演示

2. G73 固定形状粗车循环指令

G73 固定形状粗车循环指令在加工中经常使用，适用于毛坯形状与零件轮廓形状基本接近的铸锻毛坯件，也适用于圆棒料毛坯；另外，该指令还适用于轮廓形状具有递增、递减或曲线凸凹相间规律的工件。

1）指令格式

```
G73 Ui Wk Rd;
G73 Pns Qnf UΔu WΔw F_S_T_;
```

2）指令说明

（1）i 为 x 轴方向总退刀量或粗切时径向切除的总余量。

（2）k 为 z 轴方向总退刀量或粗切时轴向切除的总余量。

（3）d 为粗切次数。

（4）ns 为精加工形状程序段中的开始程序段号。

（5）nf 为精加工形状程序段中的结束程序段号。

（6）Δu 为 x 轴方向的精加工余量，取 0.2 ~ 0.5 mm。

（7）Δw 为 z 轴方向的精加工余量，取 0.05 ~ 0.1 mm。

（8）F 指定进给量，单位为 mm/r。

（9）S 指定主轴转速，单位为 r/min。

（10）T 指定刀具号。

x 轴方向总退刀量用半径表示，当向 x 轴正方向退刀时，该值为正，反之为负。i 与 k 值是刀具第一刀车削时退离工件的距离，即刀具从循环点提升的单边距离，确定 i 与 k 值应参考毛坯粗加工的余量大小，使第一次车削时就有合理的切削深度，车削出屑，防止空走刀。i 的表达式为：$i = x$ 轴粗加工余量 − 每次单边吃刀深度或待加工表面毛坯最大直径/待加工表面精车前最小直径。k 的表达式为：z 轴粗加工余量 − 每一次 z 向切削深度。

G73 指令走刀路线如图 2-5-5 所示，C 点是循环点。

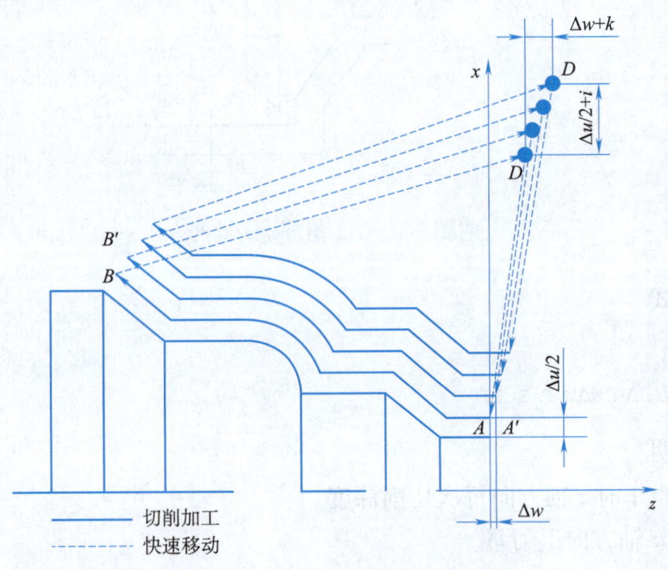

图 2-5-5　G73 指令走刀路线

学习笔记

任务实施

请根据本任务介绍的循环指令 G71、G70、G72、G73 完成任务编程，进行归纳总结，小组讨论，形成课程思维导图，填写任务工单并进行分享汇报。

任务工单

<table>
<tr><td>班级</td><td></td><td>组号</td><td></td><td>指导教师</td><td></td></tr>
<tr><td>组长</td><td></td><td>学号</td><td colspan="3"></td></tr>
<tr><td rowspan="4">组员</td><td>姓名</td><td>学号</td><td colspan="2">姓名</td><td>学号</td></tr>
<tr><td></td><td></td><td colspan="2"></td><td></td></tr>
<tr><td></td><td></td><td colspan="2"></td><td></td></tr>
<tr><td></td><td></td><td colspan="2"></td><td></td></tr>
<tr><td colspan="6">任务分工</td></tr>
<tr><td colspan="6">任务准备</td></tr>
<tr><td colspan="6">工作步骤</td></tr>
</table>

任务评价

任务 2.5 评价表见表 2-5-1，采用得分制，本任务在课程考核成绩中占比 4%。

表 2-5-1　任务 2.5 评价表

项目	评价内容	学生自评（30%）	小组互评（30%）	教师评价（40%）
素质评价（30%）	遵守纪律，遵守相关管理规定，服从安排（5 分）			
	具有安全意识、责任意识、6S 管理意识，注重节约、节能与环保（5 分）			
	学习态度积极主动，能够参加实习安排的活动（5 分）			
	具有团队合作意识，注重沟通，能够自主学习及相互协作（10 分）			
	仪容仪表符合活动要求（5 分）			

学习笔记

续表

项目	评价内容	学生自评（30%）	小组互评（30%）	教师评价（40%）
技能评价（70%）	按时按要求独立完成任务工单(40 分)			
	仿真加工工具、设备选择得当,使用符合技术要求(10 分)			
	操作规范,符合要求(5 分)			
	学习准备充分、完整(10 分)			
	注重工作效率与工作质量(5 分)			
本次得分:				
最终得分:				
教师反馈:		教师签名: 年 月 日		

任务拓展

1. G71 指令使用的范围是什么?
2. G71 指令和 G72 指令有什么区别?试画出 G71 指令的走刀路线图。
3. 按图 2-5-6 所示零件图编程,并填写程序单(见表 2-5-2)。

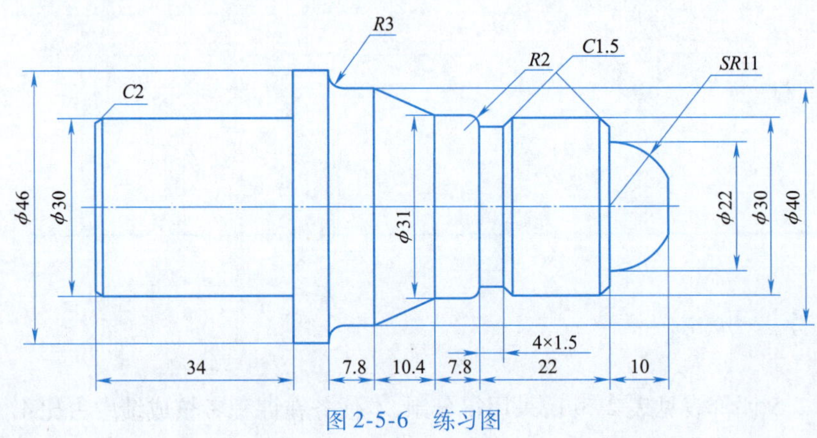

图 2-5-6 练习图

表 2-5-2 程序单

序号	程　　序	注　　释

学习笔记

续表

序号	程　　序	注　　释
掉头加工		
序号	程　　序	注　　释

拓展阅读

焊接技术千变万化，为火箭发动机焊接，就更不是一般人能胜任的了，高凤林就是一个为火箭焊接“心脏”的人。高凤林，中国航天科技集团公司某厂特种熔融焊接工、发动机零部件焊接车间班组长，特级技师。自参加工作以来，高凤林先后参与北斗导航、嫦娥探月、载人航天等国家重点工程以及长征五号新一代运载火箭的研制工作，一次次攻克发动机喷管焊接技术这一世界级难关，出色地完成亚洲最大的全箭振动试验塔的焊接攻关，修复苏制图-154飞机发动机，成功解决反物质探测器项目难题。高凤林先后荣获国家科技进步二等奖、全军科技进步二等奖等20多个奖项。

绝活不是凭空得，功夫还得练出来。高凤林吃饭时拿筷子练送丝，喝水时端着盛满水的杯子练稳定性，休息时举着铁块练耐力，冒着高温观察铁水的流动规律，为了保障一次大型科学实验，他的双手至今还留有被严重烫伤的疤痕。为了攻克国家某重点攻关项目，近半年的时间，他天天趴在冰冷的产品上，关节麻木了、青紫了。2015年，高凤林获得全国劳动模范称号。高凤林以卓尔不群的技艺和劳模特有的人格魅力、优良品质，成为新时代高技能工人的时代楷模。

学习笔记

任务2.6　数控车床仿真系统认知

任务目标

1. 了解 VUNC 6.0 仿真软件数控车的应用方法。
2. 掌握仿真软件刀具和毛坯件的安装方法。
3. 掌握数控车床的基本操作。

素养目标

1. 通过拓展阅读让学生明白人生路上,各种各样的障碍无处不在,克服障碍难免要经历失败和困苦,屡败屡战坚持下去的是胜利者,屡战屡败最后放弃的成了失败者。

2. 让学生了解成功虽然重要,但是经验也非常可贵,轻言放弃的,既不会成功,更失去了宝贵的经验。

任务描述

按图 2-6-1 编程,通过仿真确定程序是否正确。

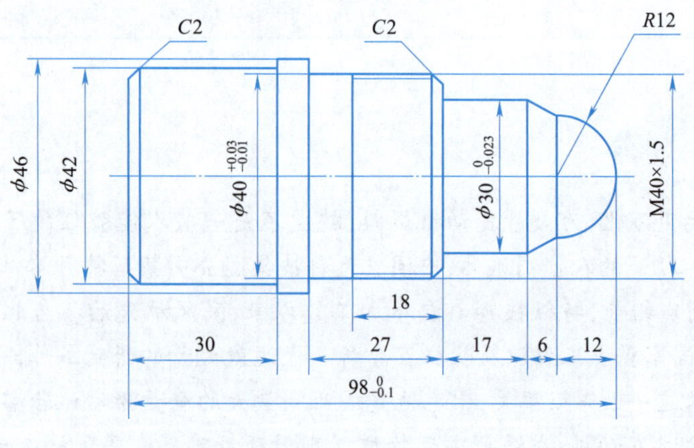

图 2-6-1　练习图

任务资讯

问题 1:数控仿真软件有哪些?

数控仿真加工是以计算机为平台在数控仿真加工软件的支持下进行的。当前国内较为流行的仿真软件有北京斐克 VNUC、南京宇航 Yhcnc、上海宇龙等数控加工仿真软件。这些软件一般都具有数控加工过程的三维显示和模拟真实机床的仿真操作。下面以 VNUC 数控仿真软件为例,分析数控仿真加工的操作方法。

问题 2:VNUC 6.0 仿真软件如何操作?

打开 VNUC 数控仿真系统,选择机床进入主界面。显示屏上方为菜单栏,下方分为左右两部分,左侧为三维仿真视图区,右侧为机床数控系统面板。功能简介如下:

1. 菜单

菜单栏包括七个主菜单:文件、显示、工艺流程、工具、选项、教学管理、帮助。单击主菜单,则出现子菜单,其操作使用方法类似一般计算机软件。

2. 视图操作

三维仿真视图区内真实再现了数控加工的动态过程,利用其右下角的操作键可以对三维视图扩大和缩小、局部扩大、旋转和移动等,以便从不同视角和比例显示机床、刀具、工件及加工区状况。

3. 仿真加工步骤

数控仿真加工通常按以下步骤进行:

(1)针对加工对象进行工艺分析与设计。

(2)按机床数控系统规定的格式与代码编制 NC 程序并存储。

(3)打开仿真软件选择机床。

(4)机床开机回参考点。

(5)安装工件。

(6)安装刀具。

(7)建立工件坐标系。

(8)设置刀具偏置值。

(9)编辑或上传 NC 语言。

(10)校验程序。

(11)自动加工。

其中,前两步应在上机操作前充分准备,以下仅分析(3)~(11)上机操作的方法与步骤。

问题 3:FANUC 数控车床的仿真操作步骤有哪些?

1. 打开仿真软件选择机床

打开 VNUC 数控仿真软件,进入 VNUC 主界面后,在菜单栏中选择“选项”→“选择机床和系统”命令,弹出“选择机床”对话框,选中“卧式车床/FANUC 0i Mate-TC”系统,弹出控制操作面板,它与真实机床操作面板几乎一模一样。

2. 机床开机回参考点

单击“系统电源”按钮,单击并弹起急停按钮 ,此时系统开机上电。

单击“回零”按钮,再单击(+Z)和(+X)按钮,各轴原点指示灯变亮,即回参考点。

3. 安装工件

在菜单栏中选择“工艺流程”→“毛坯”命令,在弹出的对话框中选择“新毛坯”选项,弹出“毛坯与夹具设置”对话框,按照对话框提示设置毛坯参数,选择夹具后单击“确

定”按钮，弹出“毛坯列表”对话框；在毛坯列表中选择某毛坯并选择“安装此毛坯”选项，单击“确定”按钮，弹出“调整毛坯位置”对话框，调整好毛坯在夹具中的位置后单击“关闭”按钮即可。此时观察视图区可以看到毛坯工件被安装到夹具上。

4. 安装刀具

在菜单栏中选择“工艺流程”→“车刀刀库”命令，弹出“刀具设置”对话框，在此为所用各刀具选择刀具类型，设置刀具参数后单击“确定”按钮。此时观察视图区可以看到各刀具“对号入座”，被安装到车床刀架上。

5. 建立工件坐标系

假设工件坐标系原点建在工件右端面中心。打开主轴正转，选择工作方式为手动，分别移动 x 轴和 z 轴，平端面、车外圆用试切法对刀。切削端面，刀具沿 x 轴方向退离工件后，按“偏置/设置”软键，再按“坐标系”软键，调出工件坐标系设置界面，将光标移到 G54 的 Z 之后，在命令行输入“0”，再按“测量”软键，系统即可自动计算并显示出 G54 坐标系中 z 的坐标。

试切一段外圆，刀具沿 z 轴方向退离工件后，在菜单栏中选择“工具”→“选项”→“测量”命令，测量出毛坯的试切直径值。按 OFFSET 软键，在所示界面中，将光标移到 G54 的 X 之后，在命令行输入 X 的测量值，按“测量”软键，系统即可自动计算并显示出 G54 坐标系中 x 的坐标。此时 G54 工件坐标系建立完毕，在程序中用 G54 指令调用该坐标系即可。

6. 设置刀具偏置值

打开主轴正转，工作方式选择手动，分别移动 x 轴和 z 轴，平端面、车外圆对刀设置偏置值。以下是 1 号刀具的对刀过程：

在参数设置界面中，按“补正”软键调出“刀具偏置值设置”（补正）界面；将光标移到 G01 行 X 列，在命令行输入所测直径值，按“测量”软键，系统自动计算并显示出 x 轴方向刀具的补偿值，即可完成 x 轴方向刀具偏置值的设定。

切削端面后，刀具沿 x 轴方向退离工件后，在界面将光标移到“G01”行 Z 列，在命令行输入“0”，按“测量”软键，即可完成 z 轴方向刀具偏置值的设定。

7. 编辑或上传 NC 程序

（1）编辑程序：进入编辑状态，按 PROG 软键，出现编辑程序界面，在该界面使用 MDI 键盘将程序指令先输入缓冲区，然后按 INSERT 软键插入即可。程序段可以单独输入，也可以几个程序段一起输入，但是段与段之间需要由“;”隔开（按 EOB 软键）。如果在输入程序进缓冲区时发现错误，按 CAN 软键可以消除光标前面的字符。在已经插入的程序中发现错误字符，按 DELETE 软键可以删除；输入正确的程序字，再按 ALTER 软键可以替换错误的字符。

（2）上传 NC 程序：进入编辑状态，按 PROG 软键，然后在菜单栏中选择“文件”→“加载 NC 代码文件”命令，弹出“浏览磁盘”对话框，寻找并双击找到的程序文件（此文件路径由用户设置），该程序将自动出现在显示窗口中。

8. 程序校验

按工作方式键“自动”和“机床锁住”，然后按“循环启动”按钮，此时主轴旋转，进给运动锁住，坐标值动态显示。根据坐标值的变化情况检查刀具运动轨迹是否正确，并据

学习笔记

此修改程序。校验结束后解除“机床锁住”状态，确认程序无误可以进行下一步。

9. 自动加工

编辑或上传 NC 程序，检查主轴转速和进给速度倍率旋钮无误后，按“循环启动”软键，机床开始自动加工。

任务实施

根据本任务介绍的仿真软件应用，完成程序仿真加工，进行归纳总结，小组讨论，形成课程思维导图，填写任务工单并进行分享汇报。

任务工单

<table>
<tr><td>班级</td><td></td><td>组号</td><td></td><td>指导教师</td><td></td></tr>
<tr><td>组长</td><td></td><td>学号</td><td colspan="3"></td></tr>
<tr><td rowspan="4">组员</td><td>姓名</td><td>学号</td><td colspan="2">姓名</td><td>学号</td></tr>
<tr><td></td><td></td><td colspan="2"></td><td></td></tr>
<tr><td></td><td></td><td colspan="2"></td><td></td></tr>
<tr><td></td><td></td><td colspan="2"></td><td></td></tr>
<tr><td colspan="6">任务分工</td></tr>
<tr><td colspan="6">任务准备</td></tr>
<tr><td colspan="6">工作步骤</td></tr>
</table>

学习笔记

任务评价

任务 2.6 评价表见表 2-6-1，采用得分制，本任务在课程考核成绩中占比 4%。

表 2-6-1　任务 2.6 评价表

项目	评价内容	学生自评（30%）	小组互评（30%）	教师评价（40%）
素质评价（30%）	遵守纪律，遵守相关管理规定，服从安排（5 分）			
	具有安全意识、责任意识、6S 管理意识，注重节约、节能与环保（5 分）			
	学习态度积极主动，能够参加实习安排的活动（5 分）			
	具有团队合作意识，注重沟通，能够自主学习及相互协作（10 分）			
	仪容仪表符合活动要求（5 分）			
技能评价（70%）	按时按要求独立完成任务工单（40 分）			
	仿真加工工具、设备选择得当，使用符合技术要求（10 分）			
	操作规范，符合要求（5 分）			
	学习准备充分、完整（10 分）			
	注重工作效率与工作质量（5 分）			
本次得分：				
最终得分：				
教师反馈：		教师签名： 年　月　日		

任务拓展

1. 简述在仿真软件中如何完成数控车床对刀操作（以外圆刀为例）。
2. 在仿真软件中，如何安装刀具，有哪些注意事项？

拓展阅读

故事：有人用玻璃把一条蛇和一只青蛙在水池里隔开，开始时，蛇要吃青蛙，它一次次地冲向青蛙却一次次撞到了玻璃隔板上。过了一会，蛇放弃了努力，不再朝青蛙冲去。当玻璃隔板被抽掉之后，蛇也不再尝试去吃青蛙了，

点拨：其实获得成功的方法很简单，只要别因一时的失败失去信心就可以。

感悟：人生路上，各种各样的障碍无处不在。克服障碍难免要经历失败和困苦，屡败屡战坚持下去的是胜利者，屡战屡败最后放弃的成了失败者。

学习笔记

任务 2.7　数控车编程实例

任务目标

1. 了解数控车编程工艺卡的编写方法。
2. 掌握刀具单的编写方法。
3. 掌握程序的编写方法。

素养目标

1. 通过拓展阅读让学生明白心怀梦想并为之努力，即使现在不是得志的时机，总会有更多的机会可以一展风采。

2. 通过拓展阅读，使学生更加了解自身的价值。

任务描述

数控车编程实例，按图 2-7-1 所示零件图编写工艺卡、刀具单、量具单、工具单及程序单。

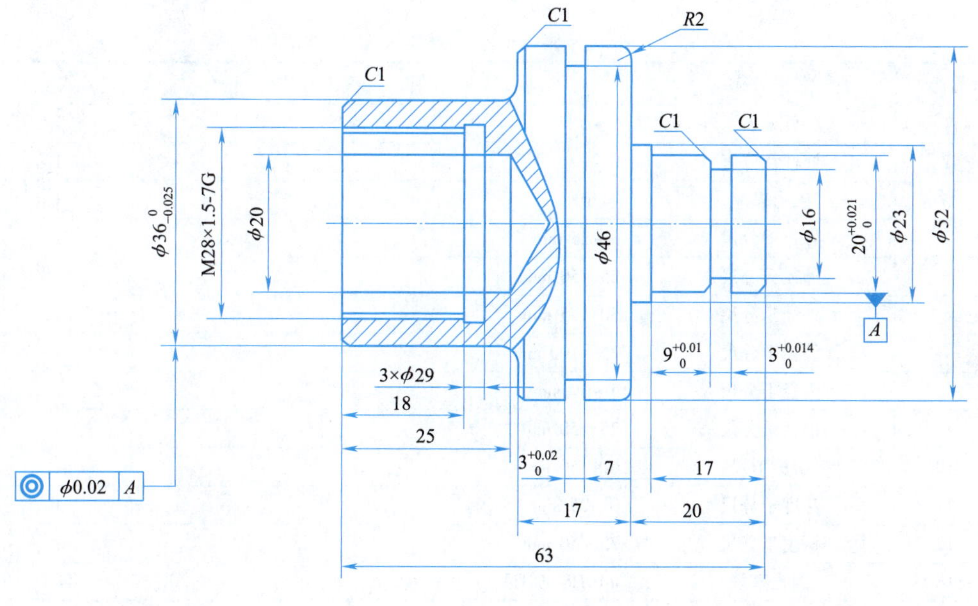

图 2-7-1　练习图

学习笔记

任务资讯

问题1:按图纸加工用到哪些刀具?

所需刀具及规格见表2-7-1。

表2-7-1　刀具单

序号	名　称	规　格	数量
1	外圆车刀	主偏角93°~95° 副偏角3°~5°	1
2	外圆车刀	主偏角93°~95° 副偏角50°~55°	1
3	外圆切槽刀	3~4 mm	1
4	外螺纹车刀	刀尖角60°,螺距1.5 mm	1
5	内孔车刀	孔径范围≥ϕ20 mm 刀杆伸长≤60 mm	1
6	内孔槽刀	3~4 mm	1
7	内螺纹车刀	刀尖角60°,螺距1.5 mm	1
8	端面切槽刀	3~4 mm	1
9	麻花钻	ϕ12 mm、ϕ20 mm	自定
10	中心钻	ϕ3 mm	1

问题2:按图纸加工用到哪些量具?

所需量具及规格见表2-7-2。

表2-7-2　量具单

序号	名　称	规　格	数量
1	百分表	0~6	1
2	杠杆百分表	0~1	1
3	磁力表座	自定	1
4	外径千分尺	0~25 mm	1
5	外径千分尺	25~50 mm	1
6	外径千分尺	50~75 mm	1
7	外径千分尺	75~100 mm	1
8	内径千分尺	5~30 mm	1
9	内径千分尺	25~50 mm	1
10	游标卡尺	0~150 mm	1
11	深度千分尺	0~25 mm	1
12	深度千分尺	25~50 mm	1
13	圆孔塞规	ϕ10H8、ϕ8H8	各1
14	寻边器	自定	1
15	螺纹塞规	M24×1.5-6H	1
16	螺纹环规	M24×1.5-6g	1

学习笔记

问题 3：按图纸加工用到哪些工具？

所需工具及规格见表 2-7-3。

表 2-7-3 工具单

序号	名 称	规 格	数量
1	油石	长条形	1 块
2	毛刷	2 寸	1 把
3	棉布	棉质	若干
4	胶木榔头	40 mm	1 个
5	活动扳手	10 寸	1 个
6	卸刀扳手		1 个
7	锉刀	10 寸	1 把
8	DNC 连线及通信软件/U 盘		各 1
9	高性能计算机		1 台
10	铜片	自定	自定
11	垫片	自定	自定
12	变径套	莫氏 4 号	1
13	钻夹头	莫氏 4 号	1

问题 4：按图纸加工工艺卡如何填写？

工艺卡填写示例见表 2-7-4。

表 2-7-4 工艺卡

零件名称	传动轴	机械加工工艺过程卡	毛坯种类	棒料	共 页
			材料	45 钢	第 页
工序号	工序名称	工序内容		设备	工艺装备
1	备料	备料 $\phi65$ mm × 100 mm 棒料，材料为 45 钢			
2	数车	车右端端面，粗、精车左端 $\phi36_{-0.025}^{0}$ mm 外圆、$R3$ 圆角，钻 $\phi20$ mm 底孔，车 $\phi29$ mm × 3 mm 退刀槽，车 M28 × 1.5 7g 内螺纹至图纸要求及倒角		CAK6150	三角卡盘
3	数车	车右端端面保证总长(63 ± 0.1) mm，粗、精车右端 $\phi20_{-0.021}^{0}$ mm，$\phi23$ mm、$\Phi52$ mm 外圆、$R2$ 圆角至图纸要求及倒角，车 $\phi16$ mm × 3 mm、$\phi46$ mm × 3 mm 槽		CAK6150	三角卡盘
4	钳	锐边倒钝，去毛刺		钳台	台虎钳
5	清洗	用清洁剂清洗零件			
6	检验	按图样尺寸检测			
7	编制				

问题 5：按图纸加工程序如何编写？

数控加工参考程序见表 2-7-5。

学习笔记

表 2-7-5　参考程序

序号	程　序	序号	程　序
外圆加工			
1	%	14	Z-20;
2	O0001;	15	G01 X48;
3	T0101;	16	G03 X52 Z-22 R2;
4	M03 S600;	17	N2G01 Z-40;
5	G00 X60 Z5;	18	G0 X100;
6	G71 U1 R1;	19	Z100;
7	G71 U0.2 W0 P1 Q2 F0.2;	20	G70 P1 Q2;
8	N1 G01 X0 F0.1;	21	G0 P1 Q2;
9	Z0;	22	Z100;
10	X18;	23	M05;
11	X20 Z-1;	24	M30;
12	Z-17;	25	%
13	X23;		
外圆槽切槽			
1	%	11	X20;
2	O0002;	12	G01 X18 Z-8;
3	T0202;	13	G0 Z60;
4	M03 S600;	14	G0 Z-30;
5	G0 X60 Z5;	15	G01 X46 F0.02;
6	G00 S22;	16	G0 X100;
7	Z-8;	17	Z100;
8	G01 X16 F0.02;	18	M05;
9	G0 X22;	19	M30;
10	G01 Z-9;	20	%
外圆车削			
1	%	13	G02 X42 Z-26 R3;
2	O0003;	14	G01 X50;
3	T0303;	15	N2 G01 X52 Z-27;
4	M03 S600;	16	G0 X100;
5	G00 X60 Z5;	17	Z100;
6	G71 U1 R1;	18	G70 P1 Q2;
7	G71 U0.2 W0 P1 Q2 F0.2;	19	G0 X100;
8	N1 G01 X0 F0.1;	20	Z100;
9	Z0;	21	M05;
10	X34;	22	M30;
11	X36 Z-1;	23	%
12	Z-23;		

学习笔记

续表

序号	程　序	序号	程　序
内孔车削			
1	%	10	Z100;
2	O0004;	11	X100;
3	T0303;	12	G70 P1 Q2;
4	M03 S600;	13	G0 X100;
5	G00 X20 Z5;	14	Z100;
6	G71 U1 R1;	15	M05;
7	G71 U－0.2 W0 P1 Q2 F0.2;	16	M30;
8	N1 G01 X26.37 F0.1;	17	%
9	N2 Z－21;		
内槽车削(图纸左侧)			
1	%	8	G01 X19;
2	O0005;	9	G01 Z5;
3	T0404;	10	G00 Z100;
4	M03 S600;	11	X100;
5	G00 X19 Z5;	12	M05;
6	G01 Z－21 F0.1;	13	M30;
7	G01 X29 F0.02;	14	%
内螺纹车削(图纸左侧)			
1	%	9	X27.6;
2	O0006;	10	X27.8;
3	T0505;	11	X28;
4	M03 S600;	12	X28;
5	G00 X26 Z5;	13	G00 Z100;
6	G92 X26.3 Z－19 F1.5;	14	X100;
7	X26.9;	15	M05;
8	X27.3;	16	M30;

任务实施

根据本任务介绍的内容完成图 2-7-1 练习图的表单编写，进行归纳总结，小组讨论，形成课程思维导图，填写任务工单并进行分享汇报。

任务工单

班级		组号		指导教师	
组长		学号			
组员	姓名	学号	姓名	学号	
任务分工					
任务准备					
工作步骤					

任务评价

任务 2.7 评价表见表 2-7-6，采用得分制，本任务在课程考核成绩中占比 4%。

表 2-7-6 任务 2.7 评价表

项目	评价内容	学生自评（30%）	小组互评（30%）	教师评价（40%）
素质评价（30%）	遵守纪律，遵守相关管理规定，服从安排（5 分）			
	具有安全意识、责任意识、6S 管理意识，注重节约、节能与环保（5 分）			
	学习态度积极主动，能够参加实习安排的活动（5 分）			
	具有团队合作意识，注重沟通，能够自主学习及相互协作（10 分）			
	仪容仪表符合活动要求（5 分）			

学习笔记

续表

项目	评价内容	学生自评（30%）	小组互评（30%）	教师评价（40%）
技能评价（70%）	按时按要求独立完成任务工单(40 分)			
	仿真加工工具、设备选择得当,使用符合技术要求(10 分)			
	操作规范,符合要求(5 分)			
	学习准备充分、完整(10 分)			
	注重工作效率与工作质量(5 分)			
本次得分：				
最终得分：				
教师反馈：		教师签名： 年　月　日		

任务拓展

根据工艺卡中第 2 工序填写工序卡(见表 2-7-7),并绘制工序单装夹示意图。

表 2-7-7　工序卡

数控加工程序单		产品名称		零件名称		共　页
		工序号		工序名称		第　页
序号	程序编号	工序内容	刀具	切削深度（相对最高点）		备注
装夹示意图：			装夹说明：			
编程/日期		审核/日期				

学习笔记

拓展阅读

故事:两个园林工人吃饭时聊天,甲说:“整天挖坑种树的,让人烦透了!”乙说:“你想想看,我们是在建设一个美丽的新花园,这样心情就好多了!”多年后,甲依旧在花园里挖坑种树,而乙却成了设计师。

点拨:其实改变现状的方法很简单,只要心中有个“新花园”就可以了。

感悟:人的智慧是永恒的,即使现在不是他得志的时机,总会有许多别的机会可以让他一展风采。

项目三 数控铣床编程与应用

任务3.1 数控铣床认知

学习笔记

任务目标

1. 了解数控铣床的基本结构。
2. 了解数控铣床机床坐标系的建立方法。
3. 掌握数控铣床常用辅助功能指令的应用。

素养目标

通过拓展阅读让学生懂得努力学习、自强不息才能结出人生硕果。

任务描述

学习数控铣床的基本结构,了解数控铣床的组成;了解数控铣床坐标系的建立,理解数控铣床的工作原理,有益于数控铣床的程序编辑;数控铣床在现在的智能制造领域占有很重要的地位,是加工行业中的核心主力,加工中心、四轴、五轴和其他多轴同属于数控铣床的范畴。

任务资讯

问题1:数控铣床由哪几部分组成?

数控铣床是在一般铣床的基础上发展起来的,两者的加工工艺基本相同,结构也有些相似,但数控铣床是靠程序控制的自动加工机床,所以其结构与普通铣床有很大区别。数控铣床一般由主轴箱、进给伺服系统、控制系统、辅助装置和机床基础件几大部分组成。

学习笔记

1. 主轴箱

主轴箱(见图 3-1-1)包括主轴箱体和主轴传动系统,用于装夹刀具并带动刀具旋转,主轴的转速范围和输出扭矩对加工有直接的影响。

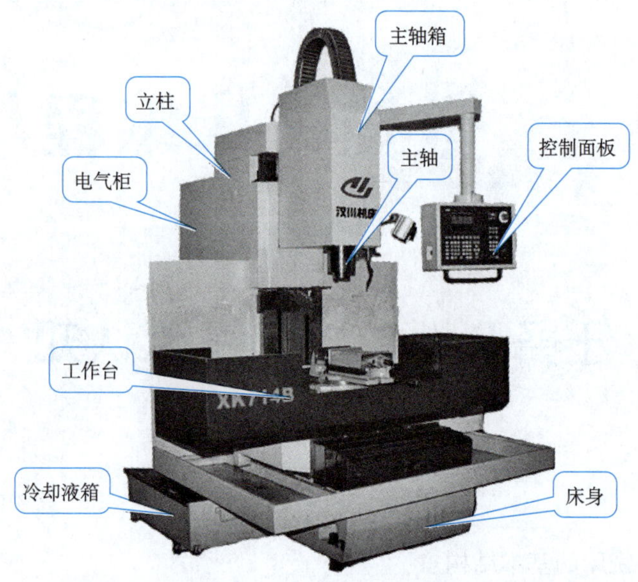

图 3-1-1　数控立式铣床机构

2. 进给伺服系统

进给伺服系统由进给电动机和进给执行机构组成,按照程序设定的进给速度实现刀具和工件之间的相对运动,包括直线进给运动和旋转运动。

3. 控制系统

控制系统是数控铣床运动控制的中心,用于执行数控加工程序并控制机床进行加工。

4. 辅助装置

辅助装置是指液压、气动、润滑、冷却系统和排屑、防护等装置。

5. 机床基础件

机床基础件通常是指底座、立柱、横梁等,是整个机床的基础和框架。

问题 2:数控铣床的主要技术参数有哪些?

数控机床主要有工作台、工作台 T 形槽、工作台行程等规格尺寸,表 3-1-1 列出了数控铣床的主要技术参数。

表 3-1-1　数控铣床的主要技术参数

类　别	主要内容	影　响
尺寸参数	工作台面积(长×宽)、承重	影响加工工件的尺寸范围,编程范围及刀具、工件、机床之间的干涉
	各坐标的最大行程	
	主轴套筒的移动距离	
	主轴端面到工作台的距离	

学习笔记

续表

类　别	主要内容	影　响
接口参数	工作台 T 形槽数、槽宽、槽间距	影响工件及刀具安装
	主轴孔锥度、直径	
运行参数	主轴转速范围	影响加工性能及编程参数
	工作台快进速度、切削进给速度范围	
动力参数	主轴电动机功率	影响切削负荷
	伺服电动机额定扭矩	
其他参数	占地面积、机器质量	影响使用环境

问题 3:数控铣床工件坐标系怎样建立?

1. 坐标系建立的原则

坐标系建立的原则是刀具相对于工件运动的原则。由于机床的结构不同,有的是刀具运动,工件固定;有的是刀具固定,工件运动。为使编程方便,一律规定为工件固定,刀具运动。

2. 坐标系的建立

任何一个零件的数控编程均是在工件坐标系中完成的,而工件坐标系的确立又离不开机床坐标系作为参考,因此,建立机床坐标系和工件坐标系的空间概念,明确两者的关系对于数控编程十分必要。图 3-1-2 所示为工件坐标系与机床坐标系的关系,其中,*M* 为机床坐标系原点、*W* 为工件坐标系原点。数控机床上的坐标系采用笛卡儿坐标系,如图 3-1-3 所示,大拇指方向为 *x* 轴的正方向,食指方向为 *y* 轴的正方向,中指方向为 *z* 轴的正方向。

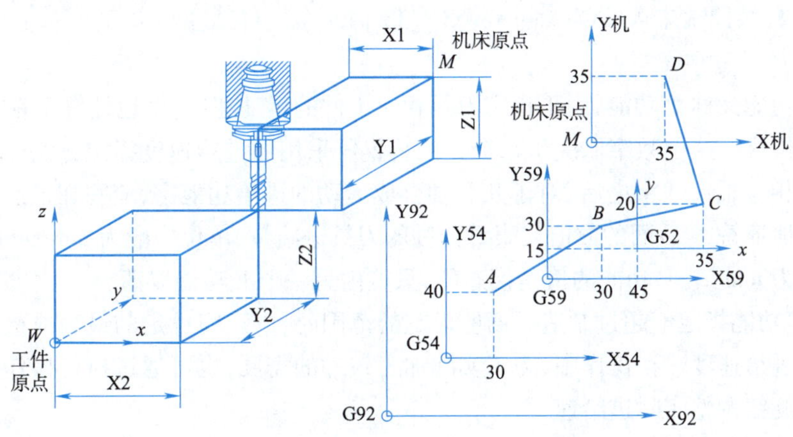

图 3-1-2　工件坐标系与机床坐标系的关系

3. 编程指令

1)指令格式

```
G92 X_Y_Z_;
```

2)指令说明

其中,X、Y、Z 为刀具当前位置相对于新设定工件坐标系的新坐标值。

学习笔记

(1)通过 G92 指令设定的工件坐标系位置,实际上可由刀具的当前位置及 G92 指令后的坐标值反推得出。

(2)采用 G92 指令设定的工件坐标系,不具有记忆功能,当机床关机后,设定的坐标系即消失。因此,G92 指令设定坐标系的方法通常用于单件加工。此外,在执行该指令前,必须将刀具的刀位点先通过手动方式准确地移动到新坐标系的指定位置点,操作步骤较多。因此,新的系统大多数不采用 G92 指令设定工件坐标系。

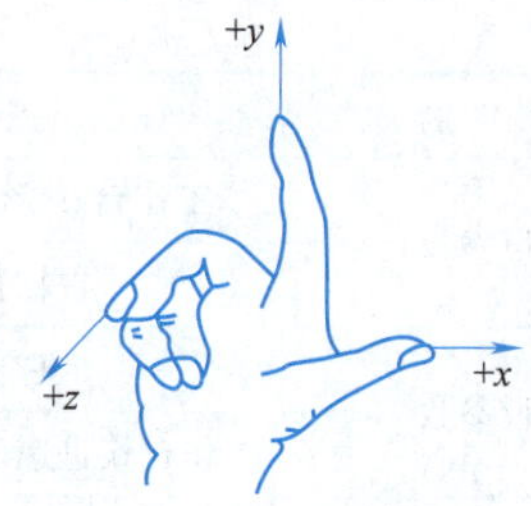

图 3-1-3　笛卡儿坐标系

例如,在图 3-1-4 所示坐标系中将工件坐标系设为 0 点的指令为

```
G92 X150.0 Y100.0 Z100.0;
```

4. 选择合适的编程方式简化编程

扫一扫
加工平面设定指令G17、G18、G19

(1)当图样尺寸由一个固定基准给定时,采用绝对方式编程较为方便。当图样尺寸是以轮廓顶点之间的间距给出时,则采用增量方式编程较为方便。

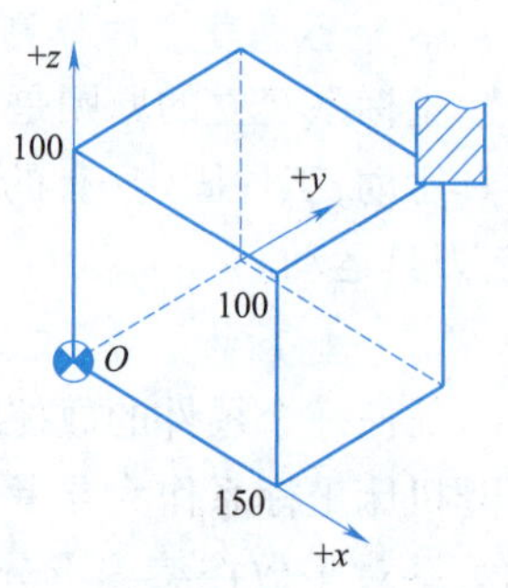

图 3-1-4　G92 设定工件坐标系

(2)坐标平面选择指令 G17、G18、G19,分别用来指定程序段中刀具的圆弧插补平面和刀具半径补偿平面。在笛卡儿直角坐标系中,三个互相垂直的轴 x、y、z 分别构成三个平面,G17 指令表示选择在 xy 平面内加工,G18 指令表示选择在 zx 平面内加工,G19 指令表示选择在 yz 平面内加工。

(3)G17、G18、G19 指令为模态功能,可相互注销,其中 G17 指令为默认值。立式数控铣床大都在 xy 平面内加工。

问题 4:数控铣床 XKA714 的 FANUC 0i 辅助指令有哪些?

1. 进给功能字 F

扫一扫
进给功能指令F

进给功能又称 F 功能,用于指定刀具相对工件的运动速度,由地址符 F 和其后的若干位数字构成。这个数字取决于每个数控装置所采用的进给速度指定方法。进给功能字应写在相应轴尺寸字之后,对于几个轴合成运动的进给功能字,应写在最后一个尺寸字之后。地址符 F 后面的数值代表每分钟的刀具进给量,单位一般为 mm/min ,切削螺纹时单位为 mm/r。F 功能的值是模态的,只能由另一个 F 功能取消。

(1)F 功能指定值超过制造厂商所设定的范围时,以厂商设定的最高或最低进给速度为实际进给速度。在操作中,为了实际加工条件的需要,也可通过执行操作面板上的进给倍率旋钮调整实际进给速度。

(2)F 功能指定值 f_z 的计算公式为

$$f_z = fTs$$

式中　f——铣刀每刃的进给量,mm/tooth;

T——铣刀的刀刃数,tooth;

s——刀具每分钟的转数,r/min。

例如,用 $\phi75$ mm、6 刃的面铣刀铣削碳钢表面,切削速度 $v = 100$ m/min,$f_z =$ 0.08 mm/tooth,求 s 及 f。

解：

$$s = 1\,000v/\pi D = 1\,000 \times 100/3.14 \times 75\ \text{r/min} = 425\ \text{r/min}$$

$$f = f_z T s = 0.08 \times 6 \times 425\ \text{mm/min} = 204\ \text{mm/min}$$

刀具材质及被切削材料不同，则切削速度和每刃的进给量也不相同。不同材质的铣刀切削不同材料时每刃的进给量参考值见表3-1-2。

表3-1-2　不同材料的铣刀切削时每刃的进给参考值

工件材料	每刃的进给量 f_z/(mm/tooth)			
	粗　铣		精　铣	
	高速钢铣刀	硬质合金铣刀	高速钢铣刀	硬质合金铣刀
钢	0.1～0.15	0.1～0.25	0.02～0.05	0.1～0.15
铸铁	0.12～0.2	0.15～0.3		

2. 主轴转速功能字S

主轴转速功能又称S功能，用于指定主轴转速，由地址符S和其后的若干位数字构成，单位为r/min。

3. 刀具功能字T

刀具功能又称T功能，它由地址符T和其后的若干位数字构成。T功能用于更换刀具时指定刀具或显示待换刀号，有时也能指定刀具位置补偿。

4. 辅助功能字M

辅助功能又称M功能，用于指定除G功能之外的各种"通断控制"功能，由地址符M和其后的两位数字构成，常用的M功能见表3-1-3。

表3-1-3　常用的M功能

指令	功　能	指令	功　能
M00	程序停止	M36	进给范围1
M01	计划结束	M37	进给范围2
M02	程序结束	M38	主轴速度范围1
M03	主轴顺时针转动	M39	主轴速度范围2
M04	主轴逆时针转动	M40～M45	齿轮换挡
M05	主轴停止	M46～M47	不指定
M06	换刀	M48	注销M49
M07	2号冷却液开	M49	进给率修正旁路
M08	1号冷却液开	M50	3号冷却液开
M09	冷却液关	M51	4号冷却液开
M10	夹紧	M55	刀具直线位移，位置1
M11	松开	M56	刀具直线位移，位置2
M13	主轴顺时针转动，冷却液开	M60	更换工作
M14	主轴逆时针转动，冷却液开	M61	工件直线位移，位置1
M15	正运动	M62	工件直线位移，位置2

学习笔记

续表

指令	功　能	指令	功　能
M16	负运动	M71	工件角度位移,位置 1
M19	主轴定向停止	M72	工件角度位移,位置 2
M30	程序结束	M98	调用子程序
M31	互锁旁路	M99	子程序结束

5. 结束符

每一个程序段结束之后,都应加上程序段结束符。当用 EIA（美国电子工业协会）标准代码时,结束符为 CR;当用 ISO(国际标准化组织)标准代码时,结束符为 NL 或 LF。书面和显示的表达有时用“;”,有时用“ * ”,也有时没有书面表示(显示)符号(空白)。

任务实施

根据本任务介绍的坐标系的建立和铣床常用辅助功能指令,进行归纳总结,小组讨论,形成课程思维导图,填写任务工单、组员分工、任务准备及工作步骤等内容并进行分享汇报。

任务工单

<table>
<tr><td>班级</td><td></td><td>组号</td><td></td><td>指导教师</td><td></td></tr>
<tr><td>组长</td><td></td><td>学号</td><td colspan="3"></td></tr>
<tr><td rowspan="4">组员</td><td>姓名</td><td>学号</td><td>姓名</td><td colspan="2">学号</td></tr>
<tr><td></td><td></td><td></td><td colspan="2"></td></tr>
<tr><td></td><td></td><td></td><td colspan="2"></td></tr>
<tr><td></td><td></td><td></td><td colspan="2"></td></tr>
<tr><td colspan="6">任务分工</td></tr>
<tr><td colspan="6">任务准备</td></tr>
<tr><td colspan="6">工作步骤</td></tr>
</table>

任务评价

任务 3.1 评价表见表 3-1-4,采用得分制,本任务在课程考核成绩中占比 4%。

学习笔记

表 3-1-4 任务 3.1 评价表

项目	评价内容	学生自评(30%)	小组互评(30%)	教师评价(40%)
素质评价(30%)	遵守纪律,遵守相关管理规定,服从安排(5分)			
	具有安全意识、责任意识、6S管理意识,注重节约、节能与环保(5分)			
	学习态度积极主动,能够参加实习安排的活动(5分)			
	具有团队合作意识,注重沟通,能够自主学习及相互协作(10分)			
	仪容仪表符合活动要求(5分)			
技能评价(70%)	按时按要求独立完成任务工单(40分)			
	仿真加工工具、设备选择得当,使用符合技术要求(10分)			
	操作规范,符合要求(5分)			
	学习准备充分、完整(10分)			
	注重工作效率与工作质量(5分)			
本次得分:				
最终得分:				
教师反馈:		教师签名: 年 月 日		

任务拓展

制定数控铣床加工工艺的原则有哪些?

拓展阅读

大国工匠杨永修,是中国第一汽车集团有限公司研发总院试制所数控班组高级技师。他是一名数控技术工人,更是中国汽车制造领域的大国工匠。他攻克了高端发动机精密制造技术,获得全国技术能手、全国五一劳动奖章等多项荣誉。

他能把高端发动机缸体、缸盖垂直度和同轴度等制造精度做到头发丝直径的三分之一,把精细的图纸参数加工成精密缸体;他能改装进口数控机床使其拥有更多功能;他已拥有18项国家专利成为"发明大王";他还是车间里多位知名高校毕业生的师傅。

15年前,杨永修还远在河南商丘,那年他高考落榜。深信知识能够改变命运的他,复读一年之后再战,虽然可以上本科,但可选余地较少,最后他决定上个好专科,成为一名数控专业学生。上学后,他逐渐爱上了数控专业,在校期间保持着班级第一名的成绩。毕业后,他如愿成为原一汽技术中心的一名工人。当了半年普通加工工人后,他转入自己热爱的数控岗位。5年多的时间,他废寝忘食地向前辈请教难题,他还购买了很多课件,自学最新理论。很快,杨永修脱颖而出,成为技术能手。

如今的智能制造,让数控技术有了更多用武之地,高端发动机等精密零部件都需要数控技术实现。而对杨永修而言,加工设备操作难度越高、操作系统越复杂,就越能激起他的学习欲望。凭借这股劲头,杨永修不仅能熟练操作海德汉等进口数控系统,还具

学习笔记

备了多款软件编程、多台数控设备操作和复杂刀具设计改制等技能,这让他在高端发动机制造、精密零部件研制等领域大显身手。

近年来,一汽加速改革给了杨永修更多施展才华的空间。“一汽像我这样的年轻人还有很多,大家梦想有多大、技术有多强、能力有多大,舞台就有多大。”他说,看到大街上搭载自主研发发动机等关键零部件的红旗牌汽车越来越多,杨永修特别高兴:“把民族汽车品牌搞上去是一汽人的使命,我愿意扎根东北,扎根一汽,与同事们一道攻关,为攻克更多的卡脖子技术贡献自己的力量。”

任务3.2 数控铣床沟槽类零件编程指令应用

任务目标

1. 能够识读数控铣床沟槽类图纸。
2. 学会数控铣床直线编程指令的使用方法。
3. 了解数控铣床工件坐标系的作用。

素养目标

通过拓展阅读让学生明白生命的价值——不要让昨日的沮丧令明天的梦想黯然失色!注重自身的提高,建立强大的自信心。

任务描述

根据本任务资讯完成图3-2-1的程序编辑。

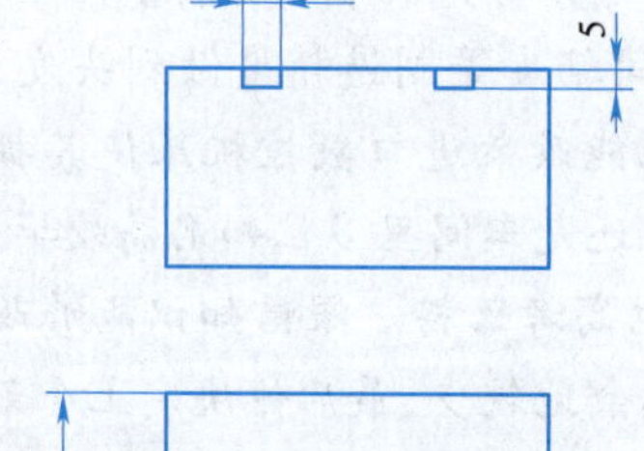

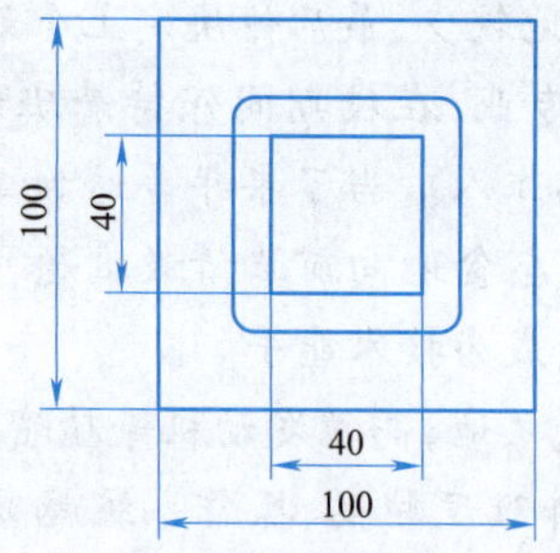

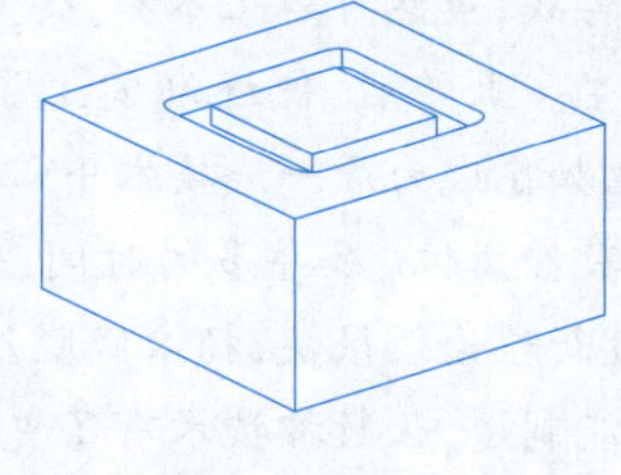

图3-2-1 练习图

学习笔记

任务资讯

问题1:数控铣床 FANUC 0i 直线程序的格式及含义是什么?

1. G00/G01 指令

1)快速点定位 G00 指令

(1)指令格式:

```
G00 X_ Y_ Z_;
```

(2)指令说明:G00 指令不用指定移动速度,因此要特别注意,采用 G00 指令进、退刀时刀具相对于工件、夹具所处的位置,以免在进、退刀过程中刀具与工件、夹具等发生碰撞。

2)G01 直线插补指令

(1)指令格式:

```
G01 X_ Y_ Z_ F_;
```

(2)指令说明:G01 指令是直线运动指令,能够命令刀具在两坐标或三坐标轴间以插补联动的方式,用指定的进给速度作任意斜率的直线运动,因此,执行 G01 指令的刀具轨迹是直线型轨迹,是连接起点和终点的一条直线。

G01 程序段中必须含有 F 指令。如果在 G01 程序段中没有 F 指令,且在 G01 程序段前也没有 F 指令,则机床不运动,有的数控系统还会出现报警。

2. 自动参考点返回指令 G28

(1)指令格式:

```
G28 X_Z_;
G28 Y_Z_;
G28 X_Y_Z_;
```

(2)指令说明:x、y、z 坐标设定值为指定的某一中间点,但此中间点不能超过参考点,该点可以以绝对值方式写入,也可以以增量方式写入。

系统在执行 G28 X_; 指令时,x 向快速向中间点移动,到达中间点后,再快速向参考点定位,到达参考点,x 向参考点指示灯亮,说明参考点已到达。

G28 Z_; 指令的执行过程与 x 向回参考点完全相同,只是 z 向到达参考点时,z 向参考点的指示灯亮。

执行 G28X_Y_Z_; 指令后,x、y、z 同时各自回其参考点,最后以 x 向参考点与 z 向参考点的指示灯都亮而结束。

返回机床固定点的功能用来在加工过程中检查坐标系的正确与否和建立机床坐标系,以确保精确地控制加工尺寸。

问题2:工序卡片的填写方法是什么?

1. 确定加工工艺及工装方案

1)零件结构及技术要求分析

零件的正方形沟槽中心线由 50 mm×50 mm 的直线组成,沟槽宽为 10 mm,深为 5 mm。

学习笔记

2)数控切削工艺工装分析

(1)定位基准和装夹工具的选择。本任务采用台虎钳装夹，五点定位。

(2)加工方案的选择。在一次装夹中一次走刀完成全部加工内容，本任务是铝料轮廓加工练习，加工精度要求不高，所以不用区分粗、精加工。

(3)刀具的选择。采用 $\phi10$ mm 键槽铣刀进行加工。

3)确定加工顺序及走刀方案

(1)建立工件坐标系原点。工件坐标系原点建立在工件上表面中心处(O 点)。

(2)确定起刀点。起刀点设在工件上表面对称中心 O 点上方 50 mm 处。

(3)确定走刀方案。如图 3-2-2 所示，平面进给走刀方案为 $O \to a \to b \to c \to d \to a$，铣深 5 mm。

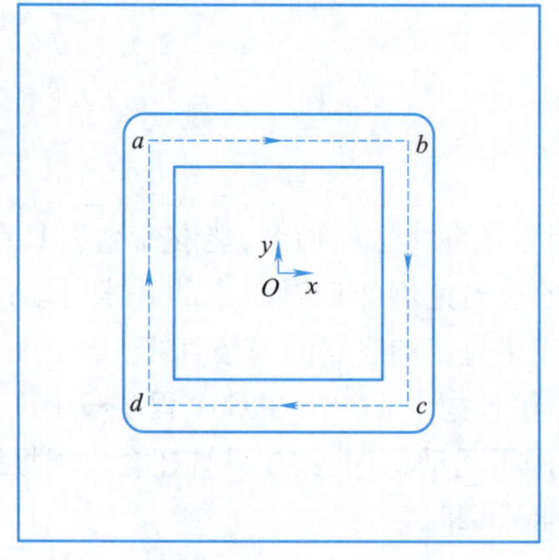

图 3-2-2　走刀方案

4)选定切削用量

主轴转速 $n = 1\ 000$ r/min，进给量 $f = 80$ mm/min。

2. 填写工序卡(见表 3-2-1)

表 3-2-1　数控铣床任务 3.2 工序卡

单位名称：		产品名称或代号		零件名称		零件图号	
工序号	1	夹具名称：虎钳		使用设备：FANUC		车间：数控中心	
工步号	工步内容	刀具号	刀具规格/mm	主轴转速/(r/min)	进给速度/(mm/min)	背吃刀量/mm	备注
1	铣沟槽	1	D10 键槽铣刀	1 000	80	5	
编制		审核	批准			共　页	第　页

问题3:数控程序的编写方法是什么?

任务3.2的程序样例见表3-2-2。

表3-2-2　任务3.2程序样例

程　序	注　释
00001;	程序名
N10 G90 G40 G49 G80 G21 G17 G54;	程序初始化
N20 G91 G28 Z0;	回参考点
N30 G90 G00 X0 Y0;	快速走刀至程序原点上方
N40 M03 S800;	主轴正转,转速为800 r/min
N50 G00 Z20.;	快速接近工件
N60 M08;	开切削液
N70 G00 X25 Y-25.;	快速移至A点上方
N80 G01 Z-5. F100;	刀具以100 mm/min的速度沿z向切削,进给至5.0 mm深
N90 G01 X-25. Y-25;	直线进给切削至b点
N100 X-25. Y25.;	直线进给切削至c点
N110 X25. Y25.;	直线进给切削至d点
N120 X25. Y-25.;	直线进给切削至a点
N130 G00 Z50.;	快速抬刀至Z50.0
N140 X0 Y0 M09;	返回工件原点,关闭切削液
N150 M05;	主轴停转
N160 M30;	程序结束

问题4:如何识读任务3.2工件的尺寸精度?

1. 游标卡尺的读取

(1)确认游标卡尺精度,如图3-2-3所示,游标卡尺的精度为0.02 mm。一般情况下尺身(主尺)读数的单位为cm,为了方便读数,需要转化为毫米(mm),1 cm=10格,所以一格长度为0.1 cm,即主尺一格为1 mm。

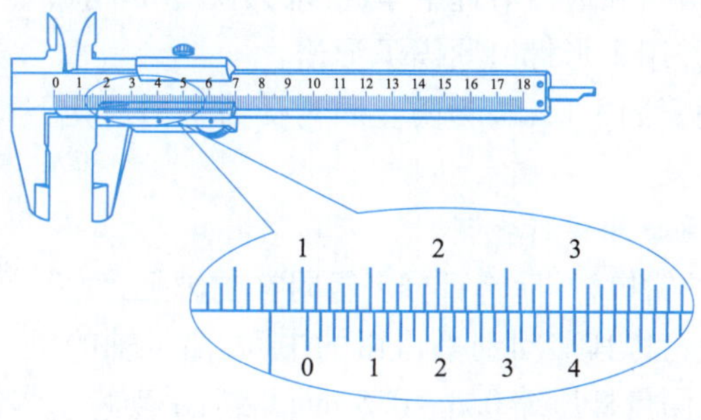

图3-2-3　游标卡尺

(2)确认游标(副尺)读数,精度为0.02,所以游标(副尺)一格的长度为0.02 mm,五格为0.10 mm。一般有两种游标(副尺)读数方法:

学习笔记

①数游标与主尺(从左到右)数过去相对应的格数×0.02。例如,10格在游标上对应的位置为2,通过计算得到长度为10×0.02=0.20 mm。

②直接看游标读数:例如,刻度1为5格,所以长度为0.10 mm;刻度2为10格,长度为0.20 mm;刻度3就是0.30 mm,依此类推。

(3)具体读数:结果=主尺读数+游标(副尺)读数。

①主尺读数:观察图3-2-2中的游标卡尺,主尺的数值为0.7 cm=7 mm(注意将cm转化为mm)。

②副尺读数:由于游标(副尺)0刻度没有与7mm主尺刻度重合,所以实际长度超过了7 mm,从左往右读取游标刻度,看哪一个与主尺刻度重合。而游标刻度4这个位置刚好与主尺读数重合,可通过计算:一共有20格×0.02=0.40 mm;或者直接读取刻度4这个位置为0.40 mm。

③最终结果为(7+0.40) mm=7.40 mm。

(4)具体操作步骤如下:

①基本检查:取出游标卡尺,进行外观和刻度清晰度检查,观察是否损坏,游标是否能够正常滑动。

②清洁:重点清洁外量尺、内量尺和刻度,以及被测物体。

③校零:确认游标卡尺上的主尺和副尺0刻度是否重合,如果未重合即存在误差,需要校正。

④使用游标卡尺测量被测物体,在游标卡尺外量尺接触物体后,保证游标卡尺水平,旋转锁止螺母进行锁止,取下游标卡尺。

⑤读数。

⑥记录数据:最好测两次及以上。

⑦清洁复位。

问题5:如何装夹方形工件?

平口钳又称机用虎钳,是一种安装在铣床、钻床上的夹具,一般用于对小型工件的装夹。安装平口钳时需要用到百分表、铜棒或铝棒、T形螺钉及扳手等工具。

1. 安装操作流程

(1)把工作台、平口钳和地面清理干净,要求无铁屑和油渍。

(2)摆正平口钳,并用T形螺钉紧固T形槽。

(3)用扳手轻轻地紧固平口钳,为防止因为受力不均匀让平口钳位置发生变化,应对角均匀地进行紧固。

2. 使用百分表对平口钳进行找正

首先打开平口钳的钳口,然后将百分表吸附在主轴上,使百分表触头与平口钳的固定钳口垂直接触,用手轮将其移动到平口钳的中间,沿y轴的负方向移动工作台,使测量触点接触钳口平面,测量杆压缩0.3~0.5 mm,然后手动将工作台移动到x正方向,使百分表触点从左向右移动,观察百分表的旋转方向。如果其逆时针波动,则表示平口钳倾斜至操作员左侧,此时,应使用一根铜棒轻敲平口钳的左下部分,敲击量为百分表波动量的一半;如果百分表顺时针波动,则表示平口钳倾斜至操作员右侧,此时,应使用一根铜棒轻敲平口钳的右下部分,敲击量为百分表波动量的一半。重复移动调整,直到仪表指针不再波动或波动为0.01 mm,然后固定钳口平行于工作台的进给方向,以便在加工过程中获得良好的位置精度。固定钳口与工作台进给方向平行对齐后,用同样的方法手动移动主轴,校正固定钳口与工作台平面的垂直度,使仪表指针不波动或波动为0.01 mm。

3. 找正平口钳时的注意事项

(1)使用百分表时,必须小心轻放。不允许用仪表触点直接撞击测量表面,以防损坏百分表。首先将百分表固定在磁力计底座上,然后移动工作台手柄,使百分表触头慢慢接触被测表面。

(2)预紧时,紧固螺钉应沿对角线均匀拧紧,以防扁钳的位置因拧紧力不均匀而发生变化。

任务实施

请根据本任务介绍的数控铣床直线编程指令和游标卡尺的读取,进行归纳总结,小组讨论,形成课程思维导图,填写任务工单、组员分工、任务准备及工作步骤等内容并进行分享汇报。

任务工单

<table>
<tr><td>班级</td><td></td><td>组号</td><td></td><td>指导教师</td><td></td></tr>
<tr><td>组长</td><td></td><td>学号</td><td colspan="3"></td></tr>
<tr><td rowspan="4">组员</td><td>姓名</td><td>学号</td><td>姓名</td><td colspan="2">学号</td></tr>
<tr><td></td><td></td><td></td><td colspan="2"></td></tr>
<tr><td></td><td></td><td></td><td colspan="2"></td></tr>
<tr><td></td><td></td><td></td><td colspan="2"></td></tr>
<tr><td colspan="6">任务分工</td></tr>
<tr><td colspan="6">任务准备</td></tr>
<tr><td colspan="6">工作步骤</td></tr>
</table>

学习笔记

任务评价

任务 3.2 评价表见表 3-2-3,采用得分制,本任务在课程考核成绩中占比 4%。

表 3-2-3 任务 3.2 评价表

项目	评价内容	学生自评(30%)	小组互评(30%)	教师评价(40%)
素质评价(30%)	遵守纪律,遵守相关管理规定,服从安排(5 分)			
	具有安全意识、责任意识、6S 管理意识,注重节约、节能与环保(5 分)			
	学习态度积极主动,能够参加实习安排的活动(5 分)			
	具有团队合作意识,注重沟通,能够自主学习及相互协作(10 分)			
	仪容仪表符合活动要求(5 分)			
技能评价(70%)	按时按要求独立完成任务工单(40 分)			
	仿真加工工具、设备选择得当,使用符合技术要求(10 分)			
	操作规范,符合要求(5 分)			
	学习准备充分、完整(10 分)			
	注重工作效率与工作质量(5 分)			
本次得分:				
最终得分:				
教师反馈:		教师签名: 年 月 日		

任务拓展

1. 完成图 3-2-4 所示图形的程序编辑,并填写工序卡及程序单(见表 3-2-4 和表 3-2-5)。

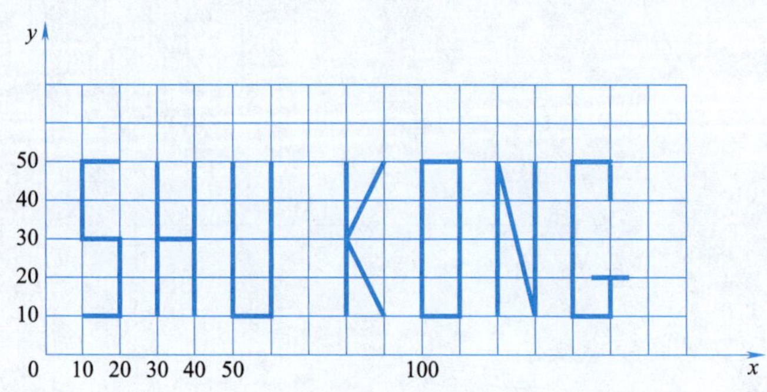

图 3-2-4 练习题

学习笔记

表 3-2-4　工序卡

单位名称：		产品名称或代号		零件名称		零件图号	
工序号	1	夹具名称：		使用设备：		车间：	
工步号	工步内容	刀具号	刀具规格/mm	主轴转速/(r/min)	进给速度/(mm/min)	背吃刀量/mm	备注
编制		审核	批准			共　页	第　页

表 3-2-5　程序单

序号	程　序	注　释

学习笔记

拓展阅读

在一次讨论会上,一位国外著名的演说家没讲一句开场白,手里却高举着一张20美元的钞票。

面对会议室里的200个人,他问:"谁要这20美元?"一只只手举了起来。他接着说:"我打算把这20美元送给你们中的一位,但在这之前,请准许我做一件事。"他说着将钞票揉成一团,然后问:"谁还要?"仍有人举起手来。他又说:"那么,假如我这样做又会怎么样呢?"他把钞票扔到地上,又踏上一只脚,并且用脚碾它。而后他拾起钞票,钞票已变得又脏又皱。"现在谁还要?"还是有人举起手来。

"朋友们,你们已经上了一堂很有意义的课。无论我如何对待那张钞票,你们还是想要它,因为它并没贬值,它依旧值20美元。人生路上,我们会无数次被自己的决定或碰到的逆境击倒、欺凌甚至碾压得粉身碎骨。我们觉得自己似乎一文不值。但无论发生什么,或将要发生什么,你们永远不会丧失价值。"

任务3.3　数控铣床圆弧类零件编程指令应用

任务目标

1. 了解数控铣床零件图的识图方法。
2. 学会数控铣床圆弧指令编程。
3. 了解数控铣床刀具的选用。

素养目标

通过拓展阅读了解信念是一种无坚不摧的力量,当你坚信自己能成功时,你必能成功。

任务描述

根据任务资讯完成图3-3-1的指令编辑。

任务资讯

问题1:数控铣床 FANUC 0i 系统圆弧指令格式及含义是什么?

1. 圆弧插补指令 G02/G03

(1)指令格式:

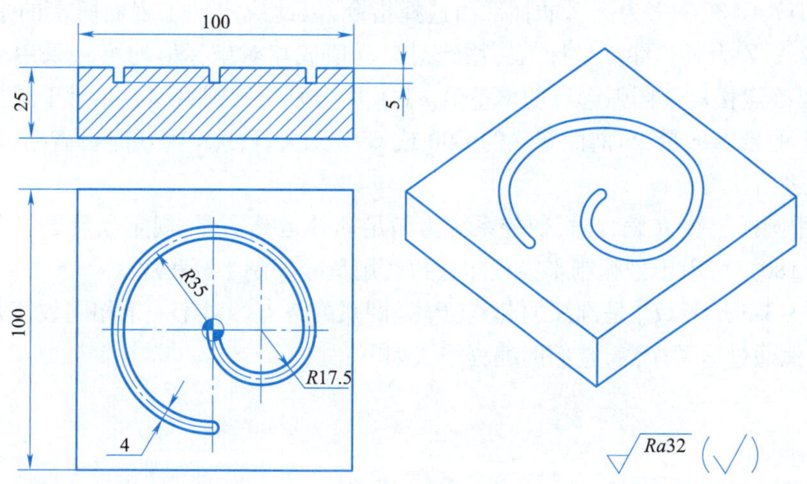

图 3-3-1　练习图

```
G17 G02/G03 X_ Y_ I_ J_ F_;
```

或

```
G17 G02/G03 X_ Y_ R_ F_;
G18 G02/G03 X_ Z_ I_ K_ F_;
```

或

```
G18 G02/G03 X_ Z_ R_ F_;
G19 G02/G03 Y_ Z_ J_ K_ F_;
```

或

```
G19 G02/G03 Y_ Z_ R_ F_;
```

(2)指令说明:G02 为顺时针圆弧插补指令,G03 为逆时针圆弧插补指令。因加工零件均为立体,在不同平面上的圆弧切削方向(G02 或 G03)如图 3-3-2 所示。其判断方法为:在笛卡儿右手直角坐标系中,从垂直于圆弧所在平面轴的正方向往负方向看,顺时针为 G02、逆时针为 G03。

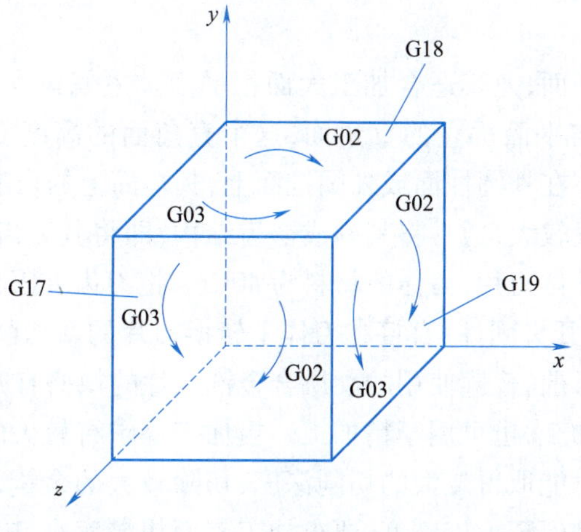

图 3-3-2　不同平面上圆弧切削方向

学习笔记

(3) G17、G18、G19 为圆弧插补平面选择指令，以此决定加工表面所在的平面，G17 可省略，X、Y、Z 为圆弧终点坐标值（用绝对坐标值或相对坐标值均可），采用相对坐标时，为圆弧终点相对于圆弧起点的增量值。I、J、K 分别表示圆弧圆心相对于圆弧起点在 x、y、z 轴上的投影增量，与前面定义的 G90 或 G91 无关，I、J、K 为 0 时可省略，F 规定圆弧切向的进给速度。

(4) 用圆弧半径 R 编程时，数控系统为满足插补运算需要，规定当所插补圆弧的圆心角小于 180°时，用正号编制半径程序；否则，用负号编制半径程序。

如图 3-3-3 所示，P_0 是圆弧的起点，P_1 是圆弧的终点。对于一个相同数值 R，有4 种不同的圆弧通过这两个点，它们的编程格式如下：

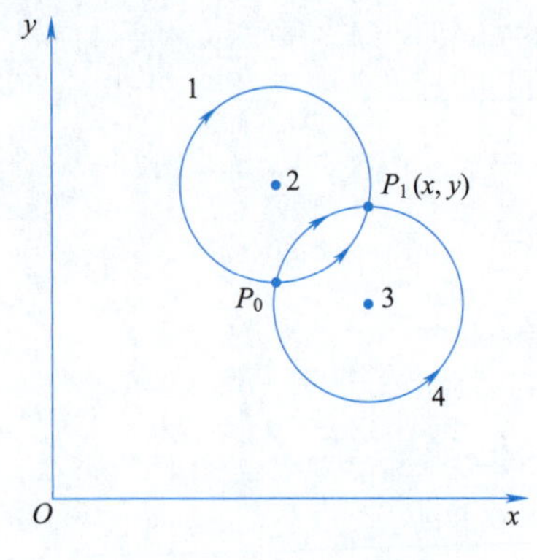

图 3-3-3　x，y 平面圆弧

圆弧 1：G02 X_ Y_ R-_；

圆弧 2：G02 X_ Y_ R+_；

圆弧 3：G03 X_ Y_ R+_；

圆弧 4：G03 X_ Y_ R-_；

若用给定的半径编制完整的圆时，由于存在无限个解，CNC 系统将显示圆弧编程出错报警，所以对整圆插补只能用给定的圆心坐标编程。

问题 2：数控铣床刀具选取原则是什么？

1. 数控铣床常用刀具

1）面铣刀

面铣刀适合加工平面，尤其适合加工大面积平面。主偏角为 90°的面铣刀，能加工出平面并同时加工出与平面垂直的直角面，这个直角面的高度受到刀片长度的限制。面铣刀的主切削刃分布在外圆柱面或外圆锥面上，其端面上的切削刃为副切削刃。

面铣刀的直径一般较大，通常将其制成镶齿结构，即将其刀齿和刀体分开。刀齿是由硬质合金制成的可转位刀片，刀体的材料为 40Cr。把刀齿夹固在刀体上，刀齿的一个切削刃用钝后，只需松开夹固件，直接在刀体上转换刀片的新切削刃或更换刀片后重新夹固即可继续切削。目前，普遍使用的硬质合金铣刀片的规格有四边形和三角形。

面铣刀可用于粗加工，也可用于精加工。粗加工要求有较大的生产率，即较大的铣削用量。为使粗加工时能取得较大的切削深度、切除较大的余量，粗加工宜选较小的铣刀直径。精加工应能够保证加工精度，要求加工表面粗糙度小，应该避免在精加工面上的接刀痕迹，所以精加工的铣刀直径要选大些，最好能包容加工面的整个宽度。

面铣刀齿数对铣削生产率和加工质量有直接影响，齿数越多，同时工作齿数也多，生产率高，铣削过程平稳，加工质量好。直径相同的可转位铣刀根据齿数的不同可分为粗齿、细齿、密齿三种。粗齿铣刀主要用于粗加工；细齿铣刀用于平稳条件下的铣削加工；密齿铣刀铣削时的每齿进给量较小，主要用于薄壁铸铁的加工。

2）立铣刀

立铣刀分为高速钢立铣刀和硬质合金立铣刀两种，主要用于加工沟槽台阶面、平面和二维曲面（如平面凸轮的轮廓）。习惯上用直径表示立铣刀名称。立铣刀通常由3～6个刀齿组成。每个刀齿的主切削刃分布在圆柱面上，呈螺旋线形，其螺旋角为30°～45°，这样有利于提高切削过程的平稳性及加工精度；刀齿的副切削刃分布在端面上，用来加工与侧面垂直的底平面。立铣刀的主切削刃和副切削刃可以同时进行切削，也可以分别单独进行切削。

根据其刀齿数目可将立铣刀分为粗齿立铣刀、中齿立铣刀和细齿立铣刀。粗齿立铣刀齿数少、强度高、容屑空间大，适合粗加工；细齿立铣刀齿数多、工作平稳，适合精加工；中齿立铣刀的特点介于粗齿立铣刀和细齿立铣刀之间。

立铣刀柄部一般分为两种形式，直柄（2～20 mm）和锥柄（14～50 mm）。直径大于40～60 mm的立铣刀可做成套式结构。

3）键槽铣刀

键槽铣刀有两个刀齿，圆柱面上和端面上都有切削刃，兼有钻头和立铣刀的功能。端面刃延至圆中心，使键槽铣刀可以沿其轴向钻孔，加工到键槽的深度，也可以像立铣刀那样用圆柱面上的切削刃铣削出键槽长度。铣削时，键槽铣刀先对工件钻孔，然后沿工件轴线铣出键槽全长。

4）模具铣刀

模具铣刀是由立铣刀发展而成的，其直径为4～63 mm，主要用于加工三维模具型腔或凸凹模成形表面。模具铣刀通常有以下三种类型：

（1）圆锥形立铣刀，圆锥半角可为3°、5°、7°、10°。例如，记为10×5°的刀具，表示直径为10 mm、圆锥半角为5°的圆锥立铣刀。

（2）圆柱形球头立铣刀。例如，记为ϕ12R6的刀具，表示直径为12 mm的球头立铣刀。

（3）圆锥形球头立铣刀。例如，记为ϕ15×7°的球头刀具，表示直径为15 mm、圆锥半角为7°的圆锥形球头立铣刀。

在模具铣刀的圆柱面（或圆锥面）和球头上都有切削刃，可以进行轴向和径向进给切削。铣刀的工作部分用高速钢或硬质合金制造。小尺寸的硬质合金模具铣刀制成整体结构，其中直径为16 mm以上的模具铣刀可制成焊接结构或可转位刀片形式。模具铣刀的柄部形式有直柄、削平型直柄和莫氏锥柄三种。

5）鼓形铣刀

鼓形铣刀的切削刃分布在半径为R的中凸鼓形外廓上，其端面无切削刃。铣削时控制铣刀的上下位置，从而改变切削刃的切削部位，可以在工件上加工出由负到正的不同斜角表面。鼓形铣刀常用于数控铣床加工立体曲面，R值越小，鼓形铣刀所能加工的

斜角范围越大，同时加工后的表面粗糙度也越大。因此，鼓形刀具刃磨困难且切削条件差。

6）成形铣刀

成形铣刀一般为专用刀具，是为某个工件或某项加工内容而专门制造（刃磨）的。适用于加工特定形状的面和特定形状的孔、槽等。

2. 铣刀的选择

（1）根据加工表面的形状和尺寸选择刀具的种类及尺寸。例如，加工较大的平面应选择面铣刀；加工凸台、凹槽和平面曲线轮廓可选用高速钢立铣刀，但高速钢立铣刀不能加工毛坯面，因为毛坯面的硬化层和夹砂会使刀具很快磨损；加工毛坯面可选用硬质合金立铣刀；加工空间曲面、模具型腔等多选用模具铣刀或鼓形铣刀；加工键槽可选用键槽铣刀；加工各种圆弧形的凹槽、斜角面、特殊孔等可选用成形铣刀。

（2）根据切削条件选用铣刀几何角度。在强力间断切削铸铁、钢等硬质材料时，应选用负前角铣刀；铸铁、碳素钢等软性钢材的连续切削应选用正前角铣刀。在铣削有台阶面的平面时，应选用主偏角为90°的面铣刀；铣削无台阶面的平面时，应选择主偏角为75°的面铣刀，以提高铣刀的使用寿命。

（3）立铣刀刀具参数的选择。立铣刀是数控铣削加工中常用的刀具，一般情况下，为减少进给次数和保证铣刀有足够的刚度，应选择直径较大的铣刀。但由于工件内腔狭窄、工件内廓形连接凹圆弧 r 值较小等因素的限制，会将刀具限制为细长形，使其刚度降低。为解决这一问题，通常采用直径大小不同的两把铣刀分别进行粗、精加工，这时因粗铣刀直径过大，粗铣后在连接凹圆处的 r 值过大，精加工时再用直径为 $2r$ 的铣刀铣去留下的死角。

如图 3-3-4 所示，立铣刀端面刃圆角半径 r 一般应与零件图样底面圆角相等，但 r 值越大，铣刀端面刃铣削平面的能力越差，效率越低。当 r 等于立铣刀圆柱半径 R 时，就变成了球头铣刀。为提高切削效率，采用与上述类似的方法，用两把 R 值不同的铣刀，粗铣用 R 值较小的铣刀，对于粗铣后留下的余量，再用 R 等于零件图样底面圆角的精铣刀精铣（清根）。

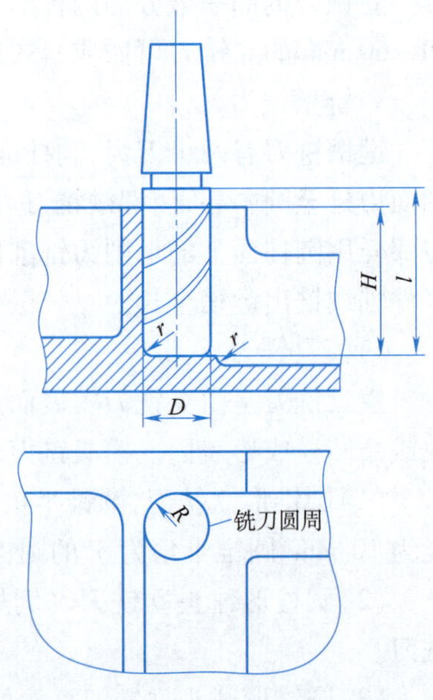

图 3-3-4　底部 r 角相同的铣削图

问题 3：如何完成任务 3.3 工艺编程？

1. 确定加工工艺及工装方案

1）零件结构及技术要求分析

（1）零件的圆弧形沟槽中心线由半径分别为 17.5 mm、35 mm 的两段圆弧线组成。

（2）沟槽宽为 4 mm，深为 5 mm。

（3）本工件为轮廓加工练习，加工精度要求不高，所以可不用分粗、精加工。

2）数控切削工艺工装分析

（1）定位基准和装夹工具的选择。选择台虎钳装夹，六点定位。

学习笔记

(2)加工方案的选择。在一次装夹中完成全部加工内容。

(3)刀具的选择。采用 ϕ4 mm 键槽铣刀进行加工。

3)确定加工顺序及走刀路线

(1)建立工件坐标系原点。工件坐标系原点建立在工件上表面对称中心处。

(2)确定起刀点。起刀点设在工件上表面对称中心点上方 50 mm 处。

(3)确定走刀方案。按照逆时针方向加工两段圆弧。

2. 填写数控加工工序卡(见表 3-3-1)

表 3-3-1　工序卡

<table>
<tr><td colspan="2" rowspan="2">单位名称:</td><td colspan="2">产品名称或代号</td><td colspan="2">零件名称</td><td colspan="2">零件图号</td></tr>
<tr><td colspan="2"></td><td colspan="2">圆弧类零件</td><td colspan="2"></td></tr>
<tr><td>工序号</td><td>1</td><td colspan="2">夹具名称:台虎钳</td><td colspan="2">使用设备:立式数控铣床</td><td colspan="2">车间:</td></tr>
<tr><td>工步号</td><td>工步内容</td><td>刀具号</td><td>刀具规格
/mm</td><td>主轴转速
/(r/min)</td><td>进给速度
/(mm/min)</td><td>背吃刀量
/mm</td><td>备注</td></tr>
<tr><td>1</td><td>铣沟槽</td><td>02</td><td>ϕ4 键槽铣刀</td><td>3 000</td><td>200</td><td>5</td><td></td></tr>
<tr><td></td><td></td><td></td><td></td><td></td><td></td><td></td><td></td></tr>
<tr><td></td><td></td><td></td><td></td><td></td><td></td><td></td><td></td></tr>
<tr><td></td><td></td><td></td><td></td><td></td><td></td><td></td><td></td></tr>
<tr><td></td><td></td><td></td><td></td><td></td><td></td><td></td><td></td></tr>
<tr><td></td><td></td><td></td><td></td><td></td><td></td><td></td><td></td></tr>
<tr><td>编制</td><td></td><td>审核</td><td>批准</td><td></td><td></td><td>共　页</td><td>第　页</td></tr>
</table>

3. 编制数控加工程序(见表 3-3-2)

表 3-3-2　加工程序

程　　序	注　　释
O0002	程序名
N10 G90 G40 G49 G80 G21 G17 654;	程序初始化
N20 G91 G28 Z0;	回参考点
N30 G90 G00 X0 Y0;	快速走刀至程序原点上方
N40 M03 S3000;	主轴正转,转速为 3 000 r/min
N50 G00 Z20.;	快速接近工件
N60 M08;	开切削液
N70 G01 Z-5. F200;	刀具以 100 mm/min 的转速 z 向切削进给至 -5.0 mm 深
N80 G03 X35. Y0. R17.5;	逆时针圆弧进给切削至右侧点
N90 X0 Y-35. R-35.;	逆时针圆弧进给切削至下方点
N100 G00 Z50.;	快速抬刀至 Z50.0
N110 X0 Y0 M09;	返回工件原点,关闭切削液
N120 M05;	主轴停转
N130 M30;	程序结束

学习笔记

任务实施

请根据本任务介绍的铣床零件图识图、圆弧指令编程和铣床刀具的选用，进行归纳总结，小组讨论，形成课程思维导图，填写任务工单、组员分工、任务准备及工作步骤等内容并进行分享汇报。

任务工单

班级		组号		指导教师	
组长		学号			
组员	姓名	学号	姓名	学号	
任务分工					
任务准备					
工作步骤					

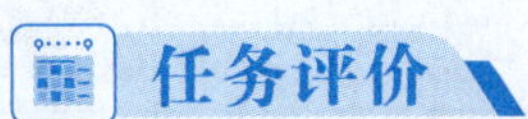

任务评价

任务 3.3 评价表见表 3-3-3，采用得分制，本任务在课程考核成绩中占比 4%。

学习笔记

表 3-3-3　任务 3.3 评价表

项目	评价内容	学生自评（30%）	小组互评（30%）	教师评价（40%）
素质评价（30%）	遵守纪律，遵守相关管理规定，服从安排（5 分）			
	具有安全意识、责任意识、6S 管理意识，注重节约、节能与环保（5 分）			
	学习态度积极主动，能够参加实习安排的活动（5 分）			
	具有团队合作意识，注重沟通，能够自主学习及相互协作（10 分）			
	仪容仪表符合活动要求（5 分）			
技能评价（70%）	按时按要求独立完成任务工单（40 分）			
	仿真加工工具、设备选择得当，使用符合技术要求（10 分）			
	操作规范，符合要求（5 分）			
	学习准备充分、完整（10 分）			
	注重工作效率与工作质量（5 分）			
本次得分：				
最终得分：				
教师反馈：		教师签名： 年　月　日		

任务拓展

完成图 3-3-5 所示五环的数控铣削程序并加工，填写工序卡和程序单（见表 3-3-4 和表 3-3-5）。已知各环半径为 20 mm，深度为 2 mm。

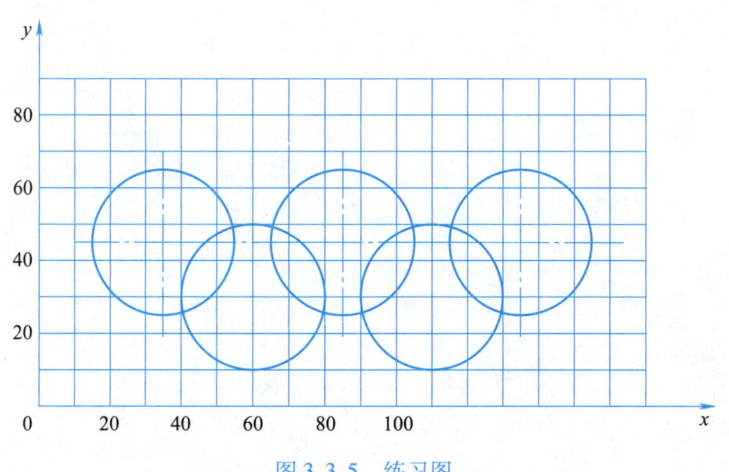

图 3-3-5　练习图

学习笔记

表 3-3-4　工序卡

单位名称：		产品名称或代号		零件名称		零件图号	
工序号	1	夹具名称：		使用设备：		车间：	
工步号	工步内容	刀具号	刀具规格/mm	主轴转速/(r/min)	进给速度/(mm/min)	背吃刀量/mm	备注
编制	审核		批准			共　页	第　页

表 3-3-5　程序单

程　序	注　释

学习笔记

拓展阅读

一天,我发现,一只黑蜘蛛在后院的两檐之间结了一张很大的网。难道蜘蛛会飞?要不,从这个檐头到那个檐头,中间有一丈余宽,第一根线是怎么拉过去的?后来,我发现蜘蛛走了许多弯路。从一个檐头起,打结,顺墙而下,一步一步向前爬,小心翼翼,翘起尾部,不让丝沾到地面的沙石或别的物体上,走过空地,再爬上对面的檐头,高度差不多了,再把丝收紧,以后也是如此。

蜘蛛不会飞翔,但它能够把网结在半空中。它是勤奋、敏感、沉默而坚韧的昆虫,它的网制得精巧而规矩。这使人不由想起那些沉默寡言的人和一些深藏不露的智者。于是,我记住了蜘蛛不会飞翔,但它照样把网结在空中。奇迹是执着者造成的。

信念是一种无坚不摧的力量,当你坚信自己能成功时,你必能成功。

任务3.4　数控铣床型腔类零件编程指令应用

任务目标

1. 了解数控铣床轮廓类零件加工方法。
2. 认识数控铣床刀补指令编程。
3. 了解数控铣床刀长度补偿的使用方法。

素养目标

通过拓展阅读让学生了解并不是因为事情难我们不敢做,而是因为我们不敢做事情才难的。

任务描述

根据本任务资讯完成图3-4-1的指令编程。

任务资讯

问题1:数控铣床FANUC 0i系统工件坐标系指令有哪些?

1. 通过G54~G59指令设定工件坐标系

G54~G59指令可以分别用于设定相应的工件坐标系。

(1)指令格式:

学习笔记

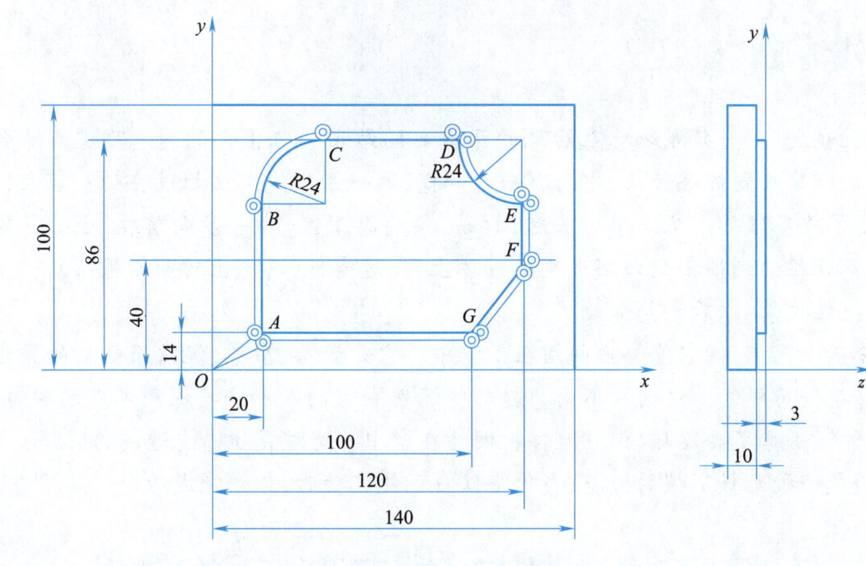

图 3-4-1 练习图

```
G54 ~ G59 G90 G00(G01)X_ Y_ Z_ F_;
```

(2)指令说明:G54 ~ G59 指令执行后,所有坐标值指定的坐标尺寸都是选定工件坐标系中的位置。1 ~ 6 号坐标系是通过 CRT/MDI 方式设置的,在机床重开机时仍然存在,在程序中可以分别选取其一使用。一旦设定了工件坐标系,则该坐标系原点即为当前程序原点,后续程序段中的工件绝对坐标均为相对此程序原点的值,例如:

```
N10 G54 G90 G00 X30. Y40. ;
N20 G59;
N30 G00 X30. Y40. ;
```

执行 N10 程序段时,系统会选定 G54 坐标系作为当前工件坐标系,然后再执行 G00 指令移动到该坐标系中的 *A* 点;执行 N20 程序段时,系统又会选择 G59 坐标系作为当前工件坐标系;执行 N30 程序段时,机床会移动到刚指定的 G59 坐标系中的 *B* 点,如图 3-4-2 所示。

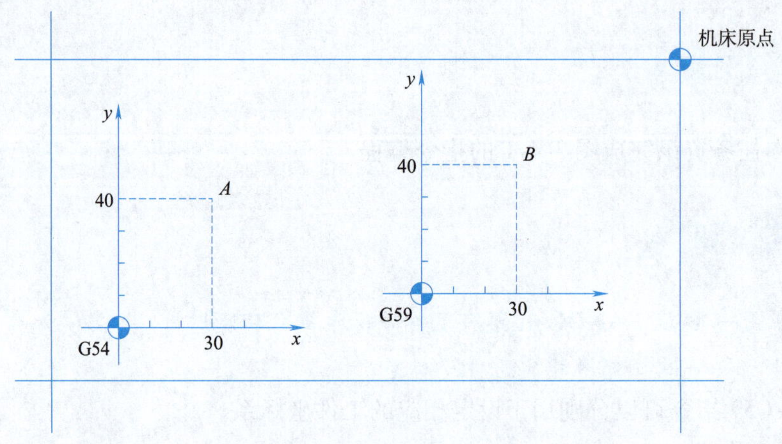

图 3-4-2 工件坐标示意图

学习笔记

2. 通过 G53 指令选择机床坐标系

(1)指令格式:

```
G53 G90 X_ Y_ Z_;
```

(2)指令说明:G53 指令的功能是使刀具快速定位到机床坐标系中的指定位置;尺寸字 X、Y、Z 后的数值为机床坐标系中的坐标值,其尺寸均为负值。

例如,执行程序段“G53 G90 X-100. Y-100. Z-20.;”后,刀具在机床坐标系中的位置如图 3-4-3 所示。

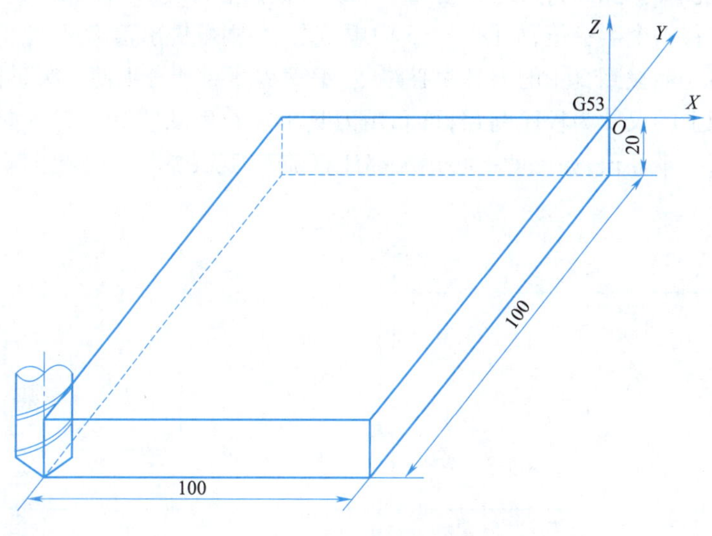

图 3-4-3　刀具位置

问题 2:数控铣床刀具长度补偿指令格式是什么?

刀具长度补偿是纠正刀具编程长度和刀具实际长度差异的过程。因数控铣床或加工中心使用的每把刀具长度不尽相同,故当一个程序中使用多把长度不一的刀具时,须引入刀具长度补偿,以使每一把刀加工出来的深度均正确。

(1)指令格式:

$$\begin{Bmatrix} G43 \\ G44 \\ G49 \end{Bmatrix} \begin{Bmatrix} G00 \\ G01 \end{Bmatrix} Z\_\ H;$$

(2)指令说明:G43 指令用于刀具长度正补偿;G44 指令用于刀具长度负补偿;Z 指定欲定位到 z 轴的坐标位置;H 指定刀具长度补偿号码,用两位数字表示,如 H01 表示刀具长度补偿号码为 01 号,如果其中存放的刀具长度值为 10,对于数控铣床,执行程序段“G90 G01 G43 Z-5.0 H01;”后,刀具实际运动到 Z(-5.0+10)=Z5.0 的位置,如果该语句改为“G90 G01 G44 Z-5.0 H01;”,则执行该语句后,刀具实际运动到 Z(-5.0-10)=Z-15.0 的位置,H00 表示补偿值为 0。

扫一扫

刀具长度补偿指令G43、G44、G49

使用刀具长度补偿时应注意以下几点:

(1)使用 G43/G44 指令进行刀具长度补偿时,只能有 z 轴的移动量,若有其他轴向的移动,则会出现报警。

学习笔记

(2)使用 G43 指令指定刀具补偿,补偿号码为正值时,刀具向上补偿;补偿号码为负值时,刀具向下补偿。使用 G44 指令指定刀具补偿,补偿号码为正值时,刀具向下补偿;补偿号码为负值时,刀具向上补偿。

问题 3:数控铣床刀具半径补偿指令应用方法是什么?

1. 刀具半径补偿的意义

前文所举例书写的程序均以刀具端面中心点为刀尖点,以此点沿工件轮廓铣削,但实际情形中,铣刀刀尖有一定的直径,故以此方式实际铣削外轮廓时,尺寸会减少一个铣刀直径值;铣削内轮廓时,尺寸会增加一个铣刀直径值,如图 3-4-4 所示。如果铣刀的刀尖点向内偏移一个半径值,如图 3-4-5 中虚线所示,则可铣出正确尺寸,但每次都要加减一个半径值才能找到真正的刀具中心路线,编写程序时十分不便。为了简化编程,最好能以工件图上的尺寸为程序路径,再利用刀具半径补偿功能命令刀具向右或向左自动偏移一个刀尖半径值,如此就不必每次都计算铣刀刀尖的中心坐标值了。

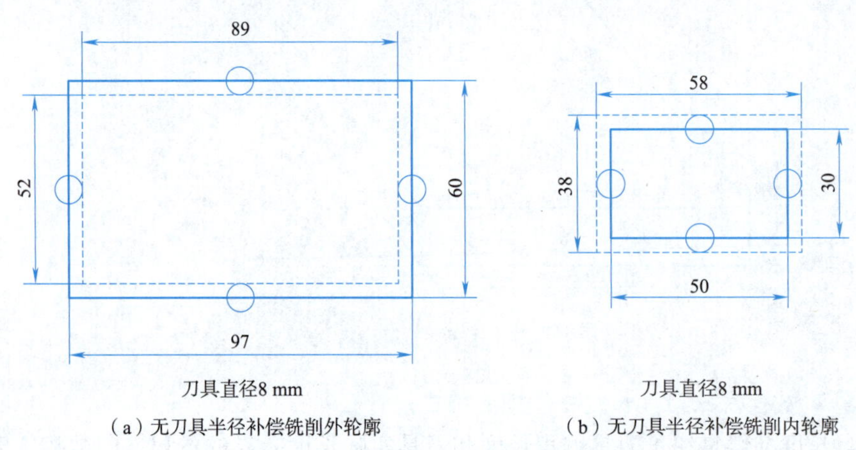

图 3-4-4　无刀补加工路线示意图

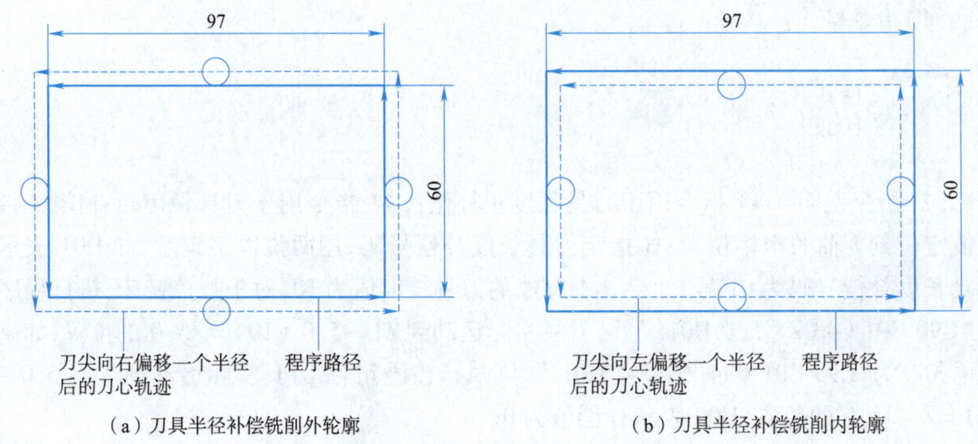

图 3-4-5　有刀补加工路线示意图

学习笔记

2. 刀具半径补偿指令 G41、G42、G40

二维刀具半径补偿仅在指定的二维进给平面内进行，进给平面由 G17、G18 和 G19 指令指定，刀具半径则通过调用相应的刀具半径补偿寄存器号码（用 D 指定）取得。

1）刀具半径补偿的目的

在数控铣床上进行轮廓的铣削加工时，由于刀具半径的存在，刀具中心（刀心）轨迹和工件轮廓不重合。如果数控系统不具备刀具半径自动补偿功能，则只能按刀心轨迹进行编程，即在编程时给出刀具中心运动轨迹，计算相当复杂，尤其当刀具磨损、重磨或换新刀而使刀具直径变化时，必须重新计算刀心轨迹，修改程序，这样既烦琐，又不易保证加工精度。当数控系统具备刀具半径补偿功能时，数控编程只需按工件轮廓进行，数控系统会自动计算刀心轨迹，使刀具偏离工件轮廓一个半径值，即进行刀具半径补偿。

2）刀具半径补偿的方法

铣削加工刀具半径补偿分为刀具半径左补偿（用 G41 指令定义）和刀具半径右补偿（用 G42 指令定义），使用非零的 DXX 代码选择正确的刀具半径补偿寄存器号。当不需要进行刀具半径补偿时，则用 G40 指令取消刀具半径补偿。

编程时，使用 D 代码（D01～D99）选择刀补表中对应的半径补偿值，地址 D 对应的偏置存储器中存入的偏置值通常指刀具半径值。刀具刀号与刀具偏置存储器号可以相同，也可以不同，一般情况下，为防止出错，最好采用相同的刀具号与刀具偏置号。

刀具半径补偿的建立有图 3-4-6 所示的三种方式。

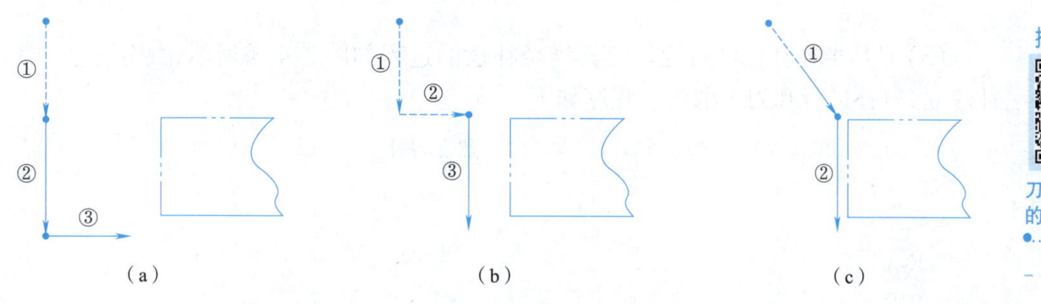

图 3-4-6　建立刀具半径补偿的方法

刀具半径补偿的常用方法

图 3-4-6（a）所示方式为先下刀后，再在 x、y 轴移动中建立半径补偿；图 3-4-6（b）所示式是先建立半径补偿后，再下刀到加工深度位置；图 3-4-6（c）所示方式是 x、y、z 三轴同时移动，建立半径补偿后再下刀。一般取消半径补偿的过程与建立过程正好相反。

3）刀具半径补偿指令

（1）指令格式：

```
G17 G41 G01 X_Y_F_D_;
```

或

```
G17 G42 G01 X_Y_F_D_;
G40 G00/G01 X_Y_;
```

刀具半径补偿指令G40、G41、G42

（2）指令说明：X、Y 为 G00/G01 指令的参数，即刀补建立或取消的终点（注：投影

学习笔记

到补偿平面上的刀具轨迹受到补偿）；D 为 G41/G42 指令的参数，即刀补号码（D00～D99），它代表了刀补表中对应的半径补偿值。

G41、G42 指令都是模态代码，可以在程序中保持连续有效。G41、G42 指令的撤销可以使用 G40 指令进行。

采用 G41 与 G42 指令的判断方法是，面向垂直于补偿平面的坐标轴的正方向，沿刀具的移动方向看，当刀具处于切削轮廓左侧时，称为刀具半径左补偿；当刀具处于切削轮廓的右侧时，称为刀具半径右补偿，如图 3-4-7 所示。

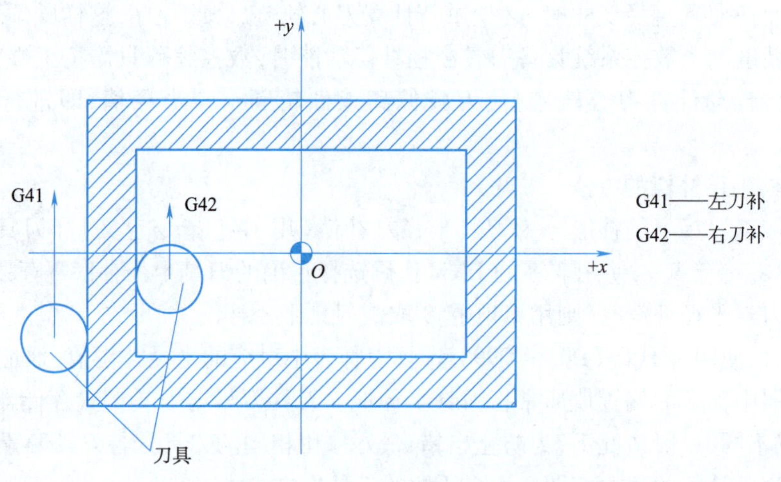

图 3-4-7　刀具半径补偿方向的判断

（3）刀具半径补偿的过程。刀具半径补偿的过程如图 3-4-8 所示，共分三步，即刀补建立、刀补进行和刀补取消。程序如下：

```
G41 G01 X100.0 Y90.0 F100 D01;          建立刀补
Y200.0;
X200.0;
Y100.0;
X90.0;
G40 G00 X0 Y0;                          取消刀补
```

①刀补建立。刀补的建立指刀具从起点接近工件时，刀具中心从与编程轨迹重合过渡到与编程轨迹偏离一个偏置量的过程。该过程的实现必须有 G00 或 G01 指令功能才有效。

②刀补进行。在 G41 或 G42 程序段后，程序进入补偿模式，此时刀具中心与编程轨迹始终相距一个刀具半径补偿过程量，直到刀补取消。

当 G41（G42）被指定时，包含 G41（G42）语句的下面两句被预读，确定机床坐标位置的确定方法是：将含有 G41（G42）语句的坐标点与下面两句中最近的、在选定平面内有坐标移动语句的坐标点相连，其连线垂直方向为偏置方向，大小为刀具半径值。

③刀补取消。刀具离开工件，刀具中心轨迹过渡到与编程轨迹重合的过程称为刀补取消，如图 3-4-8 所示的 *EO* 程序段。刀补的取消用 G40 或 D00 指令执行。

学习笔记

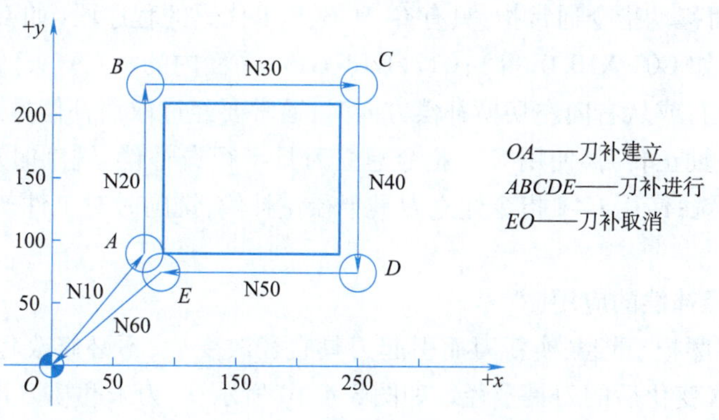

图 3-4-8 刀补建立与取消示意图

4）刀具半径补偿注意事项

（1）刀具半径补偿的建立与取消。程序段只能与 G00、G01 指令一起使用，刀具只能在移动时建立或取消刀补，且移动的距离应大于刀具半径的补偿值。

（2）为保证刀补的建立与刀补取消时刀具与工件的安全，通常采用 G01 运动方式建立或取消刀补。当采用 G00 运动方式时，则要采取先建立刀补再下刀和抬刀，再取消刀补的编程加工方法。

（3）为了便于计算坐标，采用切线或法线切入方式建立或取消刀补。不便沿工件轮廓线方向切向或法向切入、切出时，可根据情况增加一个圆弧辅助程序段。

（4）为了防止在半径补偿的建立与取消过程中刀具产生过切现象（见图 3-4-9 中的 *OM* 段），刀具半径补偿的建立与取消程序段的起始位置与终点位置要与补偿方向在同一侧（见图 3-4-9 中的 *OA* 段）。建立（取消）刀具半径补偿与下（上）一段刀具补偿进行的运动方向应一致，前后两段指令刀具运动方向的夹角 α 应满足 $90° < \alpha < 180°$。

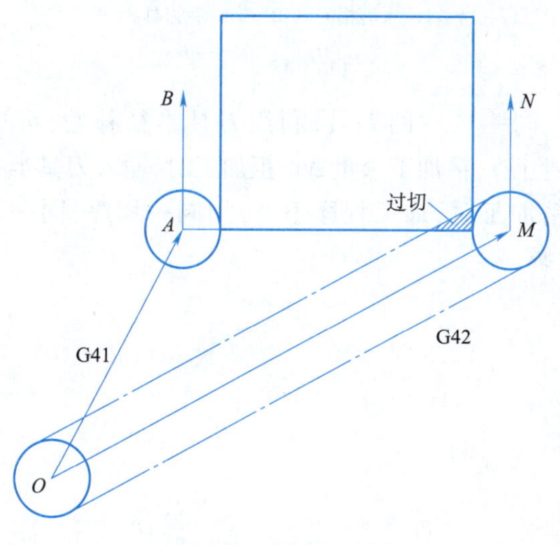

图 3-4-9 过切示意图

（5）在刀具补偿模式下，一般不允许存在连续两段以上的非补偿平面内移动指令，否则刀具也会出现过切等危险动作。

学习笔记

非补偿平面移动指令通常指：只有 G、M、S、F、T 代码的程序段（如 G90、M05 等）；程序暂停程序段（如 G04 X10.0; 等）；G17（G18、G19）平面内的 xy（zx、yz）轴移动指令等。

（6）从左向右或从右向左切换补偿方向时，通常要经过取消补偿方式。

（7）通常主轴正转时，使用 G42 指令建立刀具半径右补偿，铣削时对工件产生逆铣效果，常用于粗铣；使用 G41 指令建立刀具半径左补偿，铣削时对工件产生顺铣效果，故常用于精铣。

5）刀具半径补偿的应用

（1）刀具因磨损、重磨、换新刀而引起刀具直径改变后，不必修改程序，只需在刀具参数设置中输入变化后的刀具半径。如图 3-4-10 所示，r_1 为未磨损刀具，r_2 为磨损后刀具，两者尺寸不同，只需将刀具参数表中的刀具半径由 r_1 改为 r_2，即可适用同一程序。

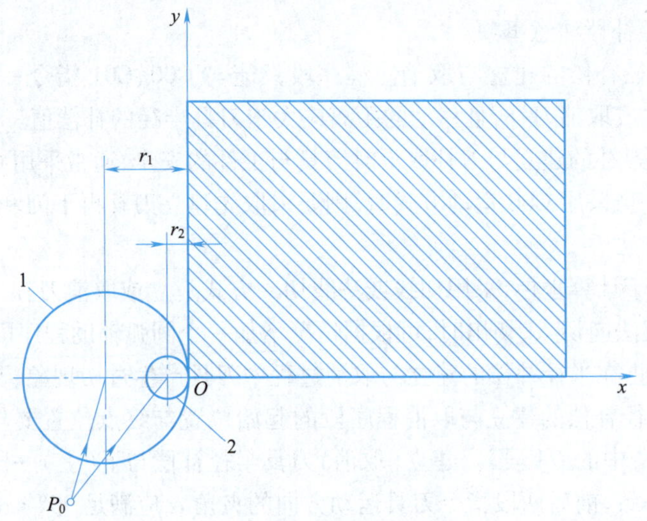

1—未磨损刀具；2—磨损后刀具。

图 3-4-10　刀具数值补偿示意图

（2）用同一程序、同一尺寸的刀具，利用刀具半径补偿，可进行粗、精加工。如图 3-4-11 所示，刀具半径 r，精加工余量 Δ。粗加工时，输入刀具半径 $D=2(r+\Delta)$，则加工出细点画线轮廓；精加工时，加工程序不变，用同一程序，同一刀具，但输入刀具半径 r，则加工出实线轮廓。

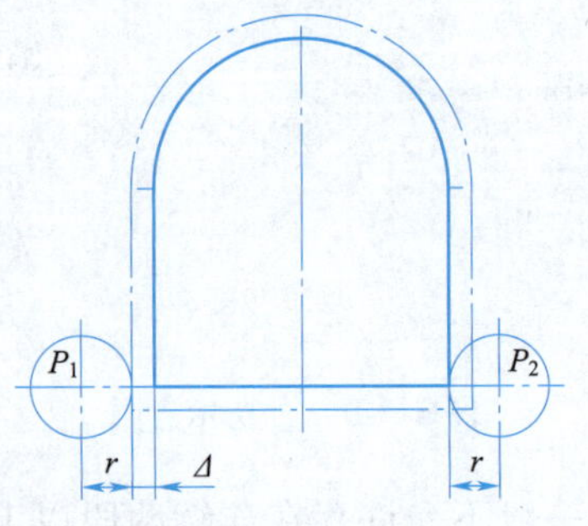

图 3-4-11　更改刀具补偿数值路线示意图

(3)采用同一程序段加工同一公称直径的凹、凸型面。如图 3-4-12 所示，对于同一公称直径的凹、凸型面，内外轮廓编写成同一程序。在加工外轮廓时，将偏置值设为 $+D$，刀具中心将沿轮廓的外侧切削；当加工内轮廓时，将偏置值设为 $-D$，这时刀具中心将沿轮廓的内侧切削。这种编程与加工方法在模具加工中运用较多。

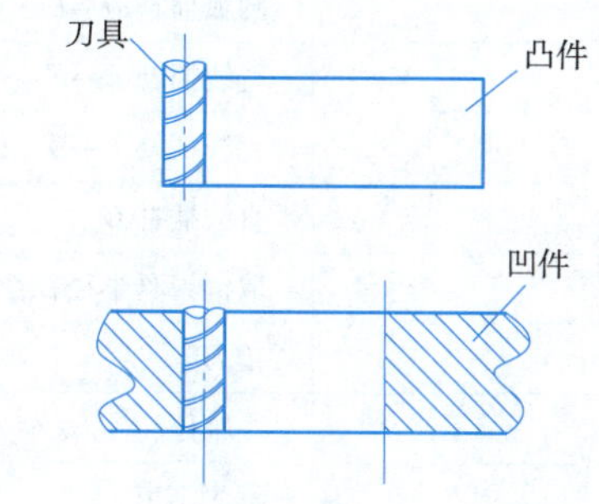

图 3-4-12　更改刀具数值正负示意图

问题 4：如何完成任务 3.4 零件凸台外轮廓的工艺编程？

1. 填写数控加工工序卡（见表 3-4-1）

表 3-4-1　工序卡

单位名称：		产品名称或代号		零件名称		零件图号	
				轮廓类零件			
工序号	1	夹具名称：台虎钳		使用设备：立式数控铣床		车间：	
工步号	工步内容	刀具号	刀具规格/mm	主轴转速/(r/min)	进给速度/(mm/min)	背吃刀量/mm	备注
1	铣沟槽	03	ϕ10 键槽铣刀	3 000	100	3	
编制		审核		批准		共　页	第　页

2. 编制数控加工程序（见表 3-4-2）

表 3-4-2　加工程序

程　序	注　释
O0004;	程序名
G54 G90 G00 Z50.0;	设工件零点为 O 点，刀具移至安全高度
M03 S1500;	主轴正转 1 500 r/min
X0 Y0.0;	刀具快进至 (0,0,50)
Z2.0;	刀具快进到 (0,0,2)
G01 Z-3.0 F50;	刀具以切削进给到深度 3mm 处
G41 X20.0 Y10.0 F150.0 D01;	建立刀具半径左补偿，补偿值存放在 D01
Y62.0;	直线插补→B

学习笔记

续表

程　序	注　释
G02 X44.0 Y86.0 I24.0 J0;	圆弧插补 B→C
G01 X96.0;	直线插补 C→D
G03 X120.0 Y62.0 I24.0 J0;	圆弧插补 D→E
G01 Y40.0;	直线插补 E→F
X100.0 Y14.0;	直线插补 F→G
X15.0;	直线插补 G
G40 X0 Y0;	取消刀具半径补偿→O
G00 Z100.0;	抬刀
M05;	主轴停转
M30;	程序结束

问题5:数控铣床长度补偿指令应用方法是什么?

1. 刀具长度补偿指令G43、G44、G49

数控铣床使用的每把刀具长度都不相同;同时,由于刀具的磨损或其他原因也会引起刀具长度发生变化,使用刀具长度补偿指令可使每一把刀具加工出来的深度尺寸都正确。为了简化零件的数控加工编程,使数控程序与刀具形状和刀具尺寸尽量无关,现代数控系统除了具有刀具半径补偿功能外,还具有刀具长度补偿功能。刀具长度补偿使刀具垂直于进给平面(如 xy 平面,由G17指令指定)偏移一个刀具长度修正值,因此在数控铣床编程过程中,一般无须考虑刀具长度。

刀具长度补偿指令用于补偿假定刀具长度与实际刀具长度之间的差值。在刀具长度补偿发生作用前,必须先进行对刀操作,以便设置刀具参数。常用的对刀方法有机内试切法、机内对刀法和机外对刀法。

一些数控系统补偿的是刀具实际长度与标准刀具长度的差,如图3-4-13(a)所示。有的数控系统补偿的是刀具相对于相关点的长度,如图3-4-13(b)、(c)所示,其中图3-4-13(c)所示为球形刀的情况。

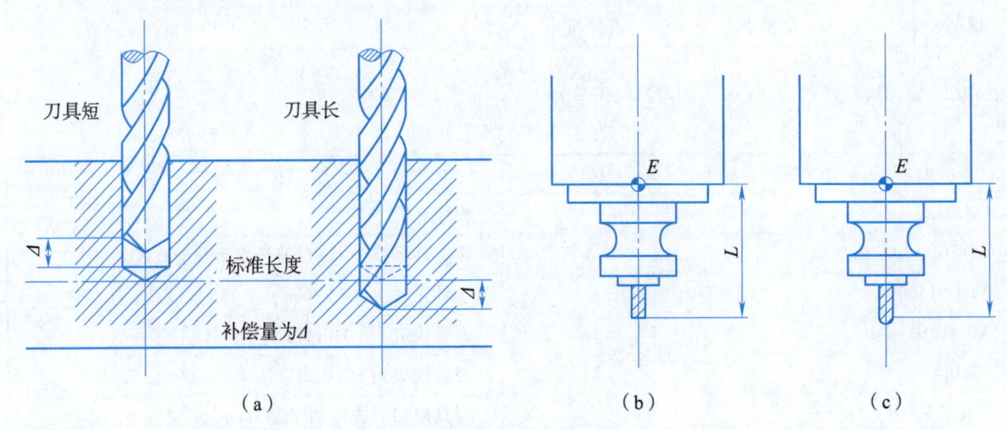

图3-4-13　刀具长度补偿

学习笔记

1)刀具长度补偿指令

(1)指令格式:

```
G17 {G43} G00/G01 Z_ H_ F_;
    {G44}
G49 G00/G01 Z_;
```

(2)指令说明:G17 指定刀具长度补偿轴为 z 轴;G18 指定刀具长度补偿轴为 y 轴;G19 指定刀具长度补偿轴为 x 轴。

①G43 为正向偏置(补偿轴终点坐标值加上偏置值)指令;G44 为负向偏置(补偿轴终点坐标值减去偏置值)指令;G49 为取消刀具长度补偿。

②X、Y、Z 为 G00/G01 的参数,即刀具长度补偿建立或取消的终点坐标值。H 为 G43/G44 的参数,即刀具长度补偿偏置号(H01 ~ H99),它代表刀具表中对应的长度补偿值。长度补偿值是编程时的刀具长度和实际使用的刀具长度之差。

③G43、G44、G49 都是模态代码,可相互注销。

2)刀具长度补偿的建立

根据上述指令,把 z 轴移动指令的终点位置加上(G43)或减去(G44)补偿存储器设定的补偿值。由于把编程时设定的刀具长度值和实际加工使用的刀具长度值的差设定在补偿存储器中,无须变更程序便可以对刀具长度值的差进行补偿。补偿方向由 G43、G44 指令指定,补偿量的大小由 H 代码指定。

3)补偿方向

G43 指令表示向正方向一侧补偿;G44 指令表示向负方向一侧补偿。无论是绝对值指令还是增量值指令,G43 指令程序中 z 轴移动指终点的坐标加上用 H 代码指定的补偿量,其最终计算结果的坐标值为终点坐标值。补偿值的符号为正时,执行 G43 指令是在正方向移动一个补偿量,执行 G44 指令则是在负方向移动一个补偿量。补偿值的符号为负时,分别变为反方向。G43、G44 指令为模态 G 代码,直到同一组的其他 G 代码出现之前均有效。

4)补偿量的指定

由 H 代码指定补偿号。程序中 z 轴的指令值减去或加上与指定补偿号相对应(设定在补偿量存储器中)的补偿量。补偿量与补偿号相对应,由 CRT/MDI 操作面板预先输入在存储器中。与补偿号 00 即 H00 相对应的补偿量,始终为零。不能设定与 H00 相对应的补偿量。

5)刀具长度补偿的取消

使用指令 G49 或者 H00 取消补偿。变更补偿号及补偿量时,仅变更新的补偿量,且不把新的补偿量加到旧的补偿量上,例如:

```
H01;                          补偿量 20.0
H02;                          补偿量 30.0
G90 G43 G01 Z100.0 H01 F200;  z 轴方向移到 120.0
G90 G43 G01 Z100.0 H02 F200;  z 轴方向移到 130.0
G90 G44 G01 Z100.0 H02 F200;  z 轴方向移到 70.0
```

学习笔记

考虑刀具长度补偿,编制图 3-4-14 所示零件的加工程序。

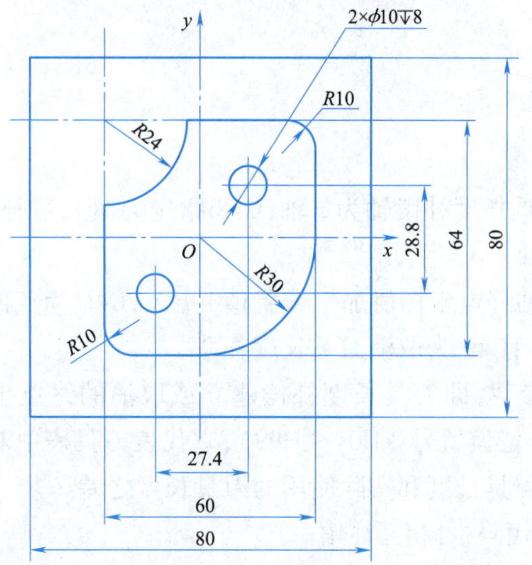

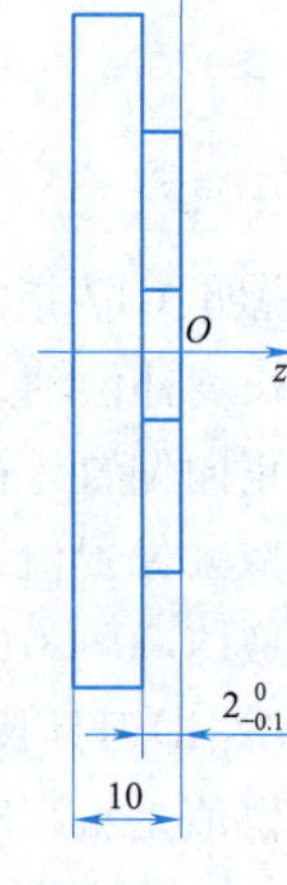

图 3-4-14　零件图

分析:该零件需要两把刀加工,1 号刀选用 ϕ20 mm 的立刀,铣削凸台轮廓;2 号刀选用 ϕ10 mm 的钻头钻孔。由于两把刀的长度不同,凸台深度又有精度要求,因此,对两把刀都进行长度补偿。设 1 号刀长 60 mm,2 号刀长 100 mm,预先在刀具表中设置 2 号刀的长度补偿值为 H02 = 40 mm。编程如下:

```
O0005;
G54 G90 G17 G40 G49 G00 Z99.0;
M03 S600;
G00 X-60.0 Y60.0;
G44 G00 Z5.0 H01;                  刀具半径补偿起点 1 号刀建立长度补偿,控制 z 向尺寸精度
G01 Z-2.0 F50;
G41 G01 X-40.0 Y32.0 D01 F100;     建立刀具半径左补偿
G01 X20.0;
G02 X30.0 Y22.0 R10.0;
G01 Y-2.0;
G02 X0.0 Y-32.0 R30.0;
G01 X-20.0;
G02 X-30.0 Y-22.0 R10.0;
G01 Y8.0;
G03 X-6.0 Y32.0 R24.0;
G01 Y40.0;
G40 G01 X-60.0 Y60.0;              取消刀具半径补偿
G49 G00 Z100.0;                    取消长度补偿
M05;
M30;
O0006;
```

学习笔记

```
G54 G90 G00 Z100.0;
M03 S600;
G00 X13.7 Y14.4;
G43 G00 Z5.0 H02;          建立刀具长度正补偿
G01 Z-8.0 F40;
G04 X2.0;                  延时 2 s
Z5.0;
G91 G00 X-27.4 Y-28.8;
G90 G01 Z-8.0;
G04 P2000;                 延时 2 s
G49 G00 Z100.0;            取消刀具长度补偿
M05;
M30;
```

任务实施

根据本任务介绍的数控铣床轮廓类零件加工方法和铣床刀补指令编程及使用，进行归纳总结，小组讨论，形成课程思维导图，填写任务工单、组员分工、任务准备及工作步骤等内容并进行分享汇报。

任务工单

班级		组号		指导教师	
组长		学号			
组员	姓名	学号	姓名	学号	
任务分工					
任务准备					
工作步骤					

学习笔记

任务评价

任务 3.4 评价表见表 3-4-3，采用得分制，本任务在课程考核成绩中占比 4%。

表 3-4-3　任务 3.4 评价表

项目	评价内容	学生自评（30%）	小组互评（30%）	教师评价（40%）
素质评价（30%）	遵守纪律，遵守相关管理规定，服从安排（5 分）			
	具有安全意识、责任意识、6S 管理意识，注重节约、节能与环保（5 分）			
	学习态度积极主动，能够参加实习安排的活动（5 分）			
	具有团队合作意识，注重沟通，能够自主学习及相互协作（10 分）			
	仪容仪表符合活动要求（5 分）			
技能评价（70%）	按时按要求独立完成任务工单（40 分）			
	仿真加工工具、设备选择得当，使用符合技术要求（10 分）			
	操作规范，符合要求（5 分）			
	学习准备充分、完整（10 分）			
	注重工作效率与工作质量（5 分）			
本次得分：				
最终得分：				
教师反馈：		教师签名： 年　月　日		

任务拓展

编写图 3-4-15 所示太极图的数控铣削程序并完成加工，深度 3 mm 填写工序卡和程序单（见表 3-4-4 和表 3-4-5）。

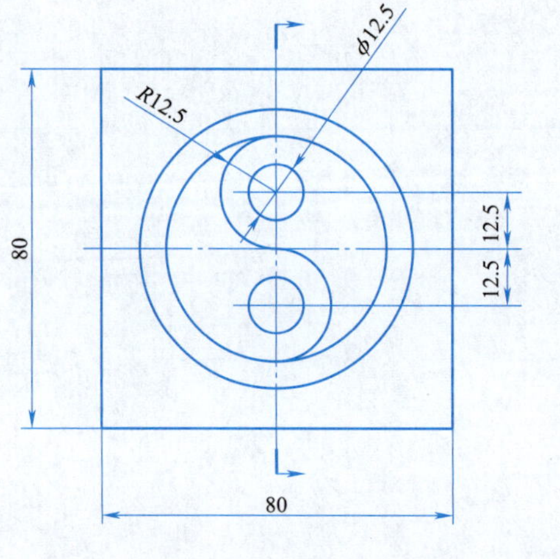

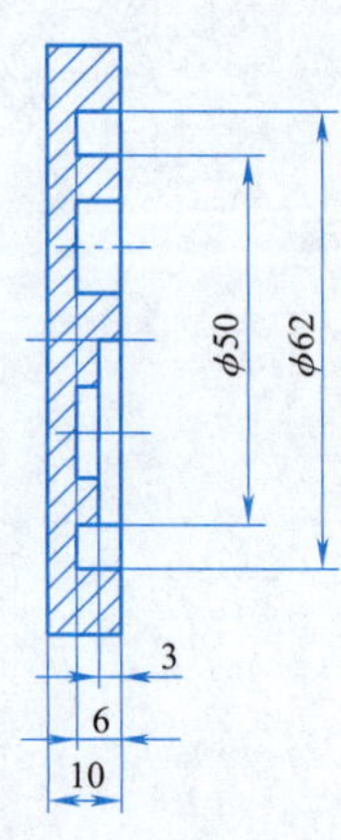

图 3-4-15　练习题

表 3-4-4 工序卡

单位名称:		产品名称或代号		零件名称		零件图号	
工序号	1	夹具名称:		使用设备:		车间:	
工步号	工步内容	刀具号	刀具规格/mm	主轴转速/(r/min)	进给速度/(mm/min)	背吃刀量/mm	备注
编制	审核		批准			共 页	第 页

表 3-4-5 程序单

程 序	注 释

学习笔记

拓展阅读

1965 年,一位韩国学生到剑桥大学主修心理学。在喝下午茶的时候,他常到学校的咖啡厅或茶座听一些成功人士聊天。这些成功人士包括诺贝尔奖获得者,某些领域的学术权威和一些创造了经济神话的人,这些人幽默风趣,举重若轻,把自己的成功都看得非常自然和顺理成章。

时间长了,他发现,在韩国时,他被一些成功人士欺骗了。那些人为了让正在创业的人知难而退,普遍把自己的创业艰辛夸大了,也就是说,他们在用自己的成功经历吓唬那些还没有取得成功的人。作为心理系的学生,他认为很有必要对韩国成功人士的心态加以研究。

1970 年,他把《成功并不像你想象得那么难》作为毕业论文,提交给现代经济心理学的创始人威尔·布雷登教授。布雷登教授读后,大为惊喜,他认为这是个新发现,这种现象虽然在东方甚至在世界各地普遍存在,但此前还没有一个人大胆地提出来并加以研究。这本书出版后鼓舞了许多人,因为它从一个新的角度告诉人们,只要你对某一事业感兴趣,长久地坚持下去就会成功,因为你的时间和智慧足够你圆满做完一件事情。后来,这位青年也获得了成功,他成了韩国泛业汽车公司的总裁。

任务3.5　数控铣床对称零件编程指令应用

任务目标

1. 了解数控铣床镜像类零件加工方法。
2. 认识数控铣床子程序指令编程。
3. 了解数控铣床刀镜像指令应用。

素养目标

通过拓展阅读让学生了解没有人能只依靠天分成功,唯有勤奋才能将天分变为天才。

任务描述

根据本任务资讯完成图 3-5-1 的指令编程。

学习笔记

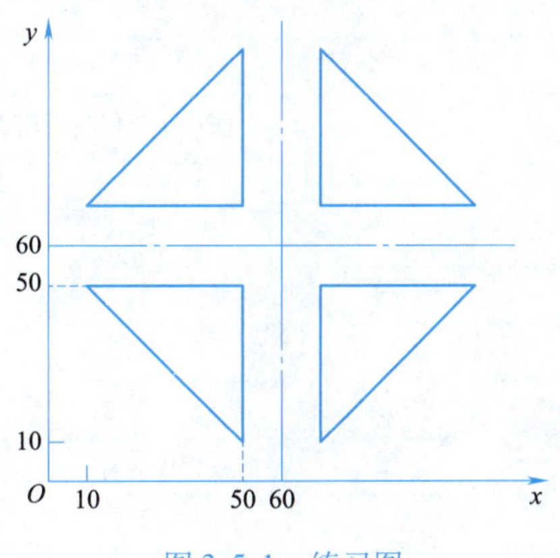

图 3-5-1　练习图

任务资讯

问题 1:数控铣床 FANUC 0i 系统子程序指令应用是什么?

1. 指令格式

M98 P_ L_;(子程序调用)

M99;(子程序结束)

2. 指令说明

地址符 P 后面表示子程序号,L 表示调用次数。子程序在 FANUC 数控系统中的调用和执行过程可见例 3-1 中的程序。

例 3-1　加工图 3-5-2 所示零件,要求三个相同凸台外形轮廓(凸出高度为 5 mm)用子程序编辑。

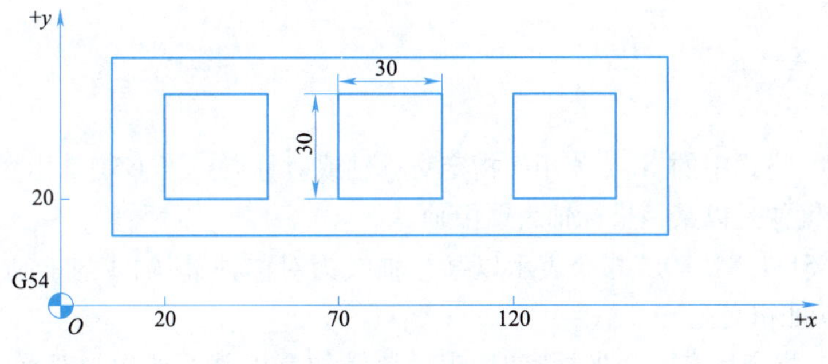

图 3-5-2　零件图

O0007;	
G90 G54;	
M03 S1000;	
G00 X0 Y0;	
G43 Z5.0 H01;	

学习笔记

续表

G01 Z-5.0 F100.0;	
M98 P3010 L3;	O3010 子程序调用3次
G90 G00 X0 Y0;	
G49 Z100.0;	
G91 G28Z0;	
M05;	
M30;	
O3010	子程序名称
G91 G41 X20.0 Y10.0 D01	
Y40.0;	
X30.0;	
Y-30.0;	
X-40.0;	
G40 X-10.0 Y-20.0;	
X50.0;	
M99;	子程序结束,返回主程序

问题2:数控铣床可编程镜像指令格式是什么?

1. 可编程镜像

使用编程的镜像指令可实现沿某一坐标轴或某一坐标点的对称加工。在一些旧数控系统中,通常采用M指令实现镜像加工,在FANUC 0i系统中则采用G51或G51.1指令实现镜像加工。

1)指令格式

(1)格式一:

```
G17 G51.1 X_ Y_;
G50.1 X_ Y_;
```

指令说明:格式中的X、Y值用于指定对称轴或对称点。当G51.1指令后仅有一个坐标字时,该镜像是以某一坐标轴为镜像轴。

例如,"G51.1 X10.0;"指令表示以某一轴线为对称轴,该轴线与y轴平行,且与x轴在$x=10.0$处相交。

当G51.1指令后有两个坐标字时,表示该镜像是以某一点作为对称点进行镜像。例如,以下指令表示其对称点为(10,10)。

```
G51.1 X10.0 Y10.0;
G50.1 X_ Y_;                表示取消镜像
```

(2)格式二:

```
G17 G51 X_ Y_ I_ J_;
G50;
```

使用此种格式时,指令中需要镜像的坐标轴对应的I、J值一定是负值,如果其值为正值,则该指令变成了缩放指令。另外,如果I、J值虽是负值但不等于-1,则执行该指令时,既进行镜像又进行缩放。

例如,执行"G17 G51 X10.0 Y10.0 I-1.0 J-1.0;"指令时,程序以坐标点(10.0,10.0)进行镜像,不进行缩放。

执行"G17 G51 X10.0 Y10.0 I -2.0 J-1.5;"指令时,程序在以坐标点(10.0,10.0)进行镜像的同时,还要进行比例缩放,其中 x 轴方向的缩放比例为2.0,而 y 轴方向的缩放比例为1.5。

同样,"G50;"指令表示取消镜像。

问题3:数控铣床可编程镜像指令有哪些应用?

用镜像指令完成任务3.5图形的工艺编程,并填写工序卡及程序单(见表3-5-1和表3-5-2)

表3-5-1　工序卡

单位名称:		产品名称或代号		零件名称		零件图号	
				镜像类零件			
工序号	1	夹具名称:台虎钳		使用设备:立式数控铣床		量具:游标卡尺	
工步号	工步内容	刀具号	刀具规格/mm	主轴转速/(r/min)	进给速度/(mm/min)	背吃刀量/mm	备注
1	铣轮廓	03	ϕ10 立铣刀	2 000	100	3	
2	铣轮廓	03	ϕ8 立铣刀	3 000	60	3	
编制		审核		批准		共　页	第　页

表3-5-2　程序单

程　序	注　释
O0004;	主程序1
G54 G90 G00 Z50.0;	
M03 S1500;	
X0 Y0.0;	
Z2.0;	
G01 Z-3.0 F50;	
M98 P0005	调用子程序
G51 X60.0 Y60.0 I-1.0 J-1.0	镜像指令
M98 P0005	调用子程序
G51 X60.0 Y60.0 I1.0 J-1.0	镜像指令
M98 P0005	调用子程序
G51 X60.0 Y60.0 I-1.0 J1.0	镜像指令

学习笔记

续表

程　　序	注　　释
M98　P0005	调用子程序
G50;	镜像指令取消
G00 Z100.0;	
M05;	
M30;	
O0005;	子程序名称1
G41 G01 X70.0 Y60.0 D01 F100.0;	
Y110.0;	
X110.0　Y70.0;	
X60.0;	
G40 G01 X60.0 Y60.0;	
M99;	子程序结束,返回主程序
换刀具后执行精加工程序	
O0006;	主程序2
G54 G90 G00 Z50.0;	
M03 S1500;	
X0 Y0.0;	
Z2.0;	
G01 Z-3.0 F50;	
M98 P0007;	调用子程序
G51 X60.0 Y60.0 I-1.0 J-1.0;	镜像指令
M98 P0007;	调用子程序
G51 X60.0 Y60.0 I1.0 J-1.0;	镜像指令
M98 P0007;	调用子程序
G51 X60.0 Y60.0 I-1.0 J1.0;	镜像指令
M98 P0007;	调用子程序
G50;	镜像指令取消
G00 Z100.0;	
M05;	
M30;	
O0007;	子程序名称2
G41 G01 X70.0 Y60.0 D02 F100.0;	
Y110.0;	
X110.0　Y70.0;	
X60.0;	
G40 G01 X60.0 Y60.0;	
M99;	子程序结束,返回主程序

镜像编程有以下特点：

(1)在指定平面内执行镜像指令时，如果程序中有圆弧指令，则圆弧的旋转方向相反，即 G02 变成 G03，相应地 G03 变成 G02。

(2)在指定平面内执行镜像指令时，如果程序中有刀具半径补偿指令，则刀具半径补偿的偏置方向相反，即 G41 变成 G42，G42 变成 G41。

(3)在指定平面内执行镜像指令时，如果程序中有坐标系旋转指令，则坐标系旋转方向相反，即顺时针变成逆时针，逆时针变成顺时针。

(4)CNC 数据处理的顺序是程序镜像—比例缩放—坐标系旋转，所以在指定这些指令时，应按顺序指定，取消时，按相反顺序。旋转方式或比例缩放方式不能指定镜像指令 G50.1 或 G51.1，但在镜像指令中可以指定比例缩放指令或坐标系旋转指令。

(5)在可编程镜像方式中，返回参考点指令(G27、G28、G29 和 G30)和改变坐标系指令(G54～G59 和 G92)不能指定。如果要指定其中的某一个，则必须在取消可编程镜像后指定。

(6)在使用镜像功能时，由于数控铣床的 z 轴一般安装有刀具，所以，z 轴一般都不进行镜像加工。

问题 4：数控铣床坐标系旋转指令格式是什么？

坐标旋转对于某些围绕中心旋转得到的特殊轮廓加工，如果根据旋转后的实际加工轨迹进行编程，可能使坐标计算的工作量增加。而通过图形旋转功能，可以大大简化编程的工作量。

1. 指令格式

```
G17 G68 X_ Y_ R_;
G69;
```

其中，G68 表示图形旋转生效，G69 表示图形旋转取消。格式中的 X、Y 值用于指定图形旋转的中心，R 表示图形旋转的角度，该角度一般取 0°～360°的正值，旋转角度的零度方向为第一坐标轴的正方向，逆时针方向为角度方向的正向。不足 1°的角度以小数点表示。

例如，“G68 X15.0 Y20.0 R30.0;”指令表示图形以坐标点(15,20)作为旋转中心，逆时针旋转 30°。

2. 坐标系旋转编程示例

将图 3-5-3 所示的图形 A，绕坐标点(20,20)进行旋转，旋转角度为 120°，旋转后得图形 B，试编写图形 B 的加工程序。

```
O0011;
…
G68 X20.0 Y20.0 R120.0;
G41 G01 X-20.0 Y20.0 D01 F100;
X20.0;
Y-20.0;
X-20.0;
```

学习笔记

```
Y0.0;
X0.0 Y20.0;
G40 X20.0 Y40.0;
G69;
…
```

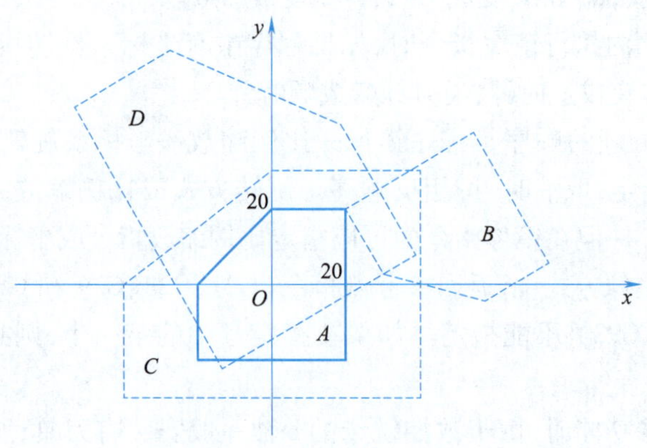

图 3-5-3　坐标系旋转实例

3. 坐标系旋转编程说明

(1)在坐标系旋转取消指令(G69)后的第一个移动指令必须用绝对值指定。如果采用增量值指令,则不执行正确的移动。

(2)CNC 数据处理的顺序是:程序镜像—比例缩放—坐标系旋转—刀具半径补偿。因此,在指定这些指令时,应按顺序指定,取消时,按相反顺序。如果坐标系旋转指令前有比例缩放指令,则在比例缩放过程中不缩放旋转角度。

(3)在坐标系旋转方式中,返回参考点指令(G27、G28、G29 和 G30)和改变坐标系指令(G54～G59 和 G92)不能指定。如果要指定其中的某一个,则必须在取消坐标系旋转指令后指定。

任务实施

根据本任务介绍的铣床镜像类零件加工方法和铣床镜像类零件加工应用及子程序的指令编程,进行归纳总结,小组讨论,形成课程思维导图,填写任务工单、组员分工、任务准备及工作步骤等内容并进行分享汇报。

任务工单

班级		组号		指导教师	
组长		学号			
组员	姓名	学号	姓名	学号	

学习笔记

续表

任务分工
任务准备
工作步骤

任务评价

任务 3.5 评价表见表 3-5-3，采用得分制，本任务在课程考核成绩中占比 4%。

表 3-5-3　任务 3.5 评价表

项目	评价内容	学生自评（30%）	小组互评（30%）	教师评价（40%）
素质评价（30%）	遵守纪律，遵守相关管理规定，服从安排（5 分）			
	具有安全意识、责任意识、6S 管理意识，注重节约、节能与环保（5 分）			
	学习态度积极主动，能够参加实习安排的活动（5 分）			
	具有团队合作意识，注重沟通，能够自主学习及相互协作（10 分）			
	仪容仪表符合活动要求（5 分）			
技能评价（70%）	按时按要求独立完成任务工单（40 分）			
	仿真加工工具、设备选择得当，使用符合技术要求（10 分）			
	操作规范，符合要求（5 分）			
	学习准备充分、完整（10 分）			
	注重工作效率与工作质量（5 分）			
本次得分：				
最终得分：				
教师反馈：		教师签名： 年　月　日		

学习笔记

任务拓展

完成图 3-5-4 所示五环的数控铣削程序并完成加工，深度 5 mm。并填写工序卡和程序单（见表 3-5-4 和表 3-5-5）。

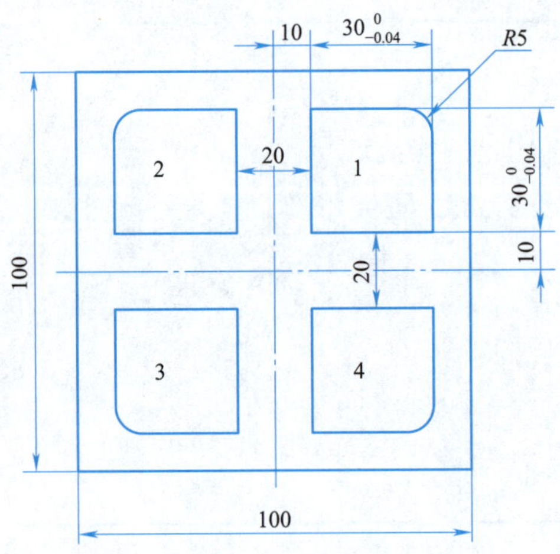

图 3-5-4　练习题

表 3-5-4　工序卡

单位名称：		产品名称或代号		零件名称		零件图号	
工序号	1	夹具名称：		使用设备：		车间：	
工步号	工步内容	刀具号	刀具规格 /mm	主轴转速 /(r/min)	进给速度 /(mm/min)	背吃刀量 /mm	备注
编制	审核		批准			共 页	第 页

表 3-5-5　程序单

程　序	注　释

学习笔记

续表

程　序	注　释

拓展阅读

无产阶级革命家陈毅元帅少年时代就分外爱学习，他酷好读书，总是把书带在身边，有空就看上几页，如果发现了一本好书，那简直比什么都欣喜。

有一次，他到一位亲戚家过中秋节，一进门就看到了一本自己很想读的书，于是忘却了步行几十里路的疲乏，立刻到一边潜心读起书来，一边读，一边用笔批点。亲戚几次来催他吃饭，他也舍不得将书放下，亲戚把刚蒸好的糍粑给他端来，谁知他嘴里吃糍粑，注意力却在书上。糍粑理应蘸糖吃，可他竟把糍粑伸到砚台里蘸上墨汁往嘴里送。过了一会儿，亲戚只见他满嘴都是墨，便喊来了众亲友，大伙儿一瞧，都忍不住哈哈大笑起来。陈毅却冷静而诙谐地说："吃点墨水没关系，我正觉得肚子里墨水太少呢。"

数控加工中心编程与应用

数控加工中心是在数控铣床出现后，为了进一步提高加工效率，减少辅助时间，将自动换刀装置及刀库和数控机床集成而形成的自动化程度和生产率更高的新型数控机床。

学习笔记

任务4.1　数控加工中心认知

任务目标

1. 了解数控加工中心的产生及发展过程，掌握数控加工中心的特点。
2. 熟知数控加工中心与数控铣床的区别，了解数控加工中心的发展趋势。

素养目标

1. 了解世界先进制造技术中数控机床的发展，特别是高端精密机床的发展史和现状，培养学习兴趣。

2. 了解近年来我国制造业在整个世界中的地位，提升学生对技术技能水平的认识，提升自我价值认同。

任务描述

通过了解数控加工中心的发展，学习和掌握工件装夹、刀具选择、工艺编排等在数控加工中心中的应用。培养学生热爱技能、学习技能的优良习惯，让学生了解五轴机床的发展和机床结构、样式、特点，培养技能报国的优秀品质。

任务资讯

工件在一次装夹后，可以连续、自动完成多个平面或多个角度位置的钻、扩、铰、镗、攻丝、铣削等工序的加工，工序高度集中，可以说加工中心就是自动换刀数控镗铣床。

高速精密加工中心作为机械工业母机，在航空航天、造船、工程机械、汽车、铁路、电力设备、风电设备、石化设备等方面均有着不可替代的作用。在高端机床加工中心领域，著名的“东芝事件”足以说明其对一个国家先进制造的重要性。20世纪末，日本东芝公司卖给苏联几台五轴联动的加工中心，苏联将其用于制造潜艇的推进螺旋桨，质量显著提升，导致美国船只的声呐监听不到潜艇的声音，所以美国以东芝公司违反战略物资禁运政策为由惩处东芝公司。由此可见，高端加工中心机床对一个国家的航空、航天、军事、科研、精密器械、高精医疗设备等行业，均有着举足轻重的影响力。

问题1：什么是数控加工中心？

数控加工中心是一种带有刀库并能自动更换刀具，对工件能够在一定范围内进行多种加工操作的数控机床。称为CNC（computerized numerical control，数控加工）。

问题2：数控加工中心的特点有哪些？

习惯上所说的加工中心主要是指以数控铣床为基础的，集铣削、镗削、钻孔、攻螺纹和切削螺纹等功能为一体的数控机床。基本的加工方式为铣削，主要的加工内容为铣削平面、台阶、沟槽、曲线与曲面以及钻孔、扩孔、铰孔、镗孔和攻螺纹等。从设备构造上看，数控加工中心是一台配备有刀库的数控铣床，加工过程中可自动完成刀具的更换。

加工中心是一种典型的集高新技术于一体的机械加工设备，与普通数控机床相比，加工中心具有以下几个突出特点。

1. 机床的刚度高、抗振性好

为了适应加工中心高自动化、高精度、高效率及高可靠性的加工要求，加工中心的静态刚度和动态刚度都高于普通数控机床，由于其机械结构系统的阻尼比高，从而在加工过程中机床的抗振性能也高于普通数控机床。

2. 工序集中

加工中心带有刀库并能够自动换刀，这是加工中心和数控铣床的主要区别。在加工前将需要的刀具调整测量好后先装入刀库，加工时能够通过程序控制实现相应刀具的自动更换，从而对工件进行多工序加工。现代高速加工中心更大程度地使工件在一次装夹后实现多表面、多特征、多工位的连续、高效、高精度加工，即工序集中，这是加工中心最突出的特点。

3. 对加工对象的适应性强

加工中心生产的柔性不仅体现在对特殊要求的快速反应上，而且还可以快速实现批量生产，提高市场竞争能力。

4. 高自动化、高精度、高效率

自动换刀是高速加工中心高自动化的一个方面。加工中心的主轴转速高、进给速度快，快速定位精度高，可以通过切削参数的合理选择，充分发挥刀具的切削性能，减少切削时间，且整个加工过程连续、辅助动作快、自动化程度高。同其他数控机床一样，高速加工中心也具有加工精度高的特点。而且由于加工工序集中，避免了长工艺流程，同时减少了人为干扰，故加工中心加工精度更高，加工质量更加稳定。在一台加工中心上能集中完成多种工序，因而可减少工件装夹、测量和机床的调整时间，减少工件半成品的周转、搬运和存放时间，使加工中心的切削利用率（切削时间和开动时间之比）高出普通数控机床3~4倍，达到80%以上。

学习笔记

5. 使用多个可以自动交换的工作台

如图4-1-1所示,有的零件加工中心上带有自动交换工作台,可实现一个工作台在加工的同时,另一个工作台完成工件的装夹,从而大大缩短辅助时间,提高加工效率。

图4-1-1　自动交换工作台

6. 减轻操作者的劳动强度

加工中心对零件的加工是按事先编好的程序自动完成的。操作者除了操作键盘、装卸零件、进行关键工序的中间测量以及观察机床的运行之外,不需要进行繁重的重复性手工操作,劳动强度和工作强度均可大大减轻,劳动条件也得到很大的改善。

7. 经济效益高

使用加工中心加工零件时,分摊在每个零件上的设备费用是比较昂贵的,但在单件、小批量生产的情况下,可以节省许多其他方面的费用,因此能获得良好的经济效益。例如,在零件安装在零件加工中心后可以减少调整、加工和检验时间,从而减少了直接生产费用。另外,由于线轨加工中心加工时无须手工制作模型、凸轮、钻模板及其他工装夹具,省去了许多工艺装备,减少了硬件投资,还由于加工中心的加工稳定,减少了废品率,使生产成本进一步下降。

8. 有利于生产管理的现代化

使用加工中心加工零件,能够准确地计算零件的加工工时,并有效简化检验过程及工夹具、半成品的管理工作,有利于生产管理现代化。当前有许多大型CAD/CAM辅助软件已经开发了生产管理模块,实现计算机辅助生产管理。

问题3:数控加工中心有哪些不足?

加工中心的工序集中加工方式固然有其独特的优点,但也带来了新的问题。

(1)由于加工中心智能化程度高、结构复杂、功能强大,因此加工中心的一次性投资及日常维护保养费用较普通机床高出很多。

(2)在适当的条件下才能发挥最佳效益,即在使用过程中要发挥加工中心的优点,才能充分体现效益。所以,对加工中心的合理使用至关重要。

(3)由于工序集中,在加工中心上加工时,粗加工后直接进入精加工阶段,工件的温升来不及恢复,冷却后尺寸变动,影响零件精度。

学习笔记

(4)工件由毛坯直接加工为成品,一次装夹中金属切除量大、几何形状变化大,没有释放应力的过程。加工完成一段时间后,应力才得以释放,易导致工件变形。

(5)切削不断屑,切屑的堆积会影响加工的顺利进行及零件的表面质量,甚至使刀具损坏、工件报废。

(6)装夹零件的夹具必须满足既能承受粗加工中大的切削力,又能满足在精加工中准确定位的要求,而且零件夹紧变形应较小。

(7)由于自动换刀及全封闭防护的应用,使工件尺寸受到一定的限制,吊装较大的工件有时较为不便,钻孔深度、刀具长度、刀具直径及刀具重量也应加以考虑。

问题4:数控加工中心有哪些结构?

总体来看,加工中心主要由以下几大部分组成。

1. 整机结构

扫一扫

加工中心结构展示

整机结构是支承各结构及工件的结构,包含立柱、底座、鞍座、工作台、主轴箱等,如图4-1-2所示。它们是加工中心的基础结构,要承受加工中心的静载荷以及在加工时的切削负载,因此必须是刚度很高的部件。这些大件可以是铸铁件也可以是焊接的钢结构件,是加工中心中质量和体积最大的部件。目前进口的高端加工中心已使用矿物质床身,相较于铸铁,矿物质床身拥有更好的抗振性、精度与抗形变能力。

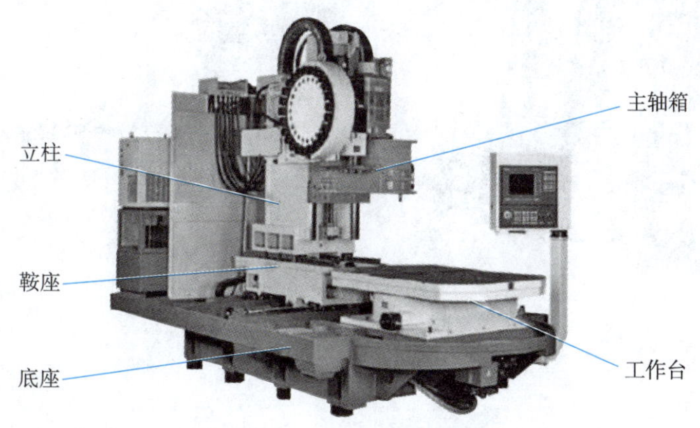

图4-1-2　整机结构示意图

2. 主轴系统

主要由主轴箱、主轴电动机、主轴和主轴轴承等零部件组成。主轴的启动、停止和变转速等动作均由数控系统控制,并通过装在主轴上的刀具参与切削运动,是切削加工的功率输出部件,如图4-1-3所示。主轴的精度要求高,加工工艺复杂,且加工质量直接影响主轴系统的性能。加工中心的高精度、高速度、高刚性均在主轴上有所体现。

3. 进给驱动系统

由驱动电动机、进给元件(滚珠丝杠、直线电动机)等组成,实现加工中心的坐标直线移动或回转运动,对加工中心的运动、使用性能等起到关键作用。如图4-1-4所示,进给驱动系统是加工中心的核心部分。

学习笔记

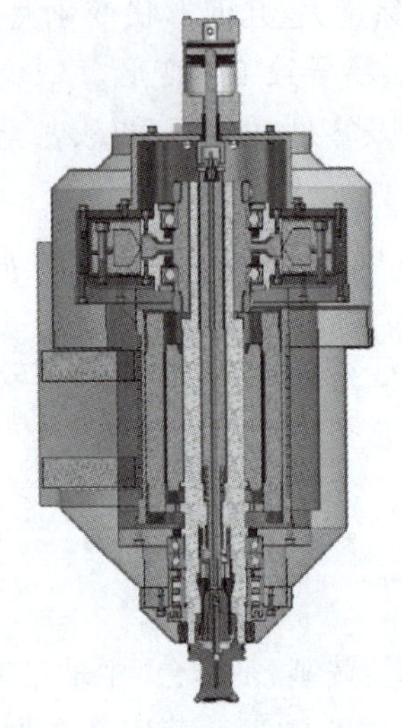
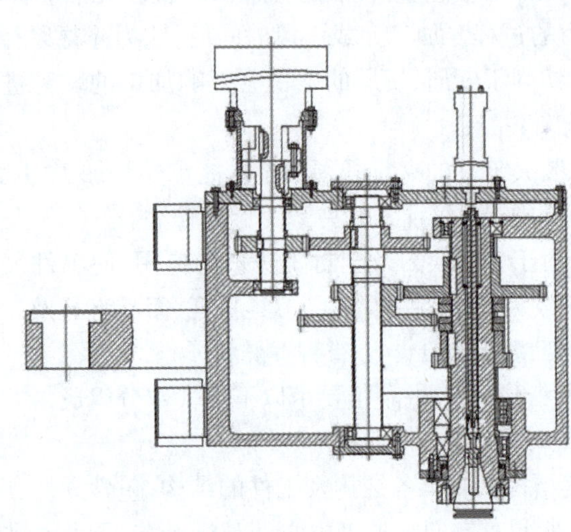

图 4-1-3　主轴系统示意图

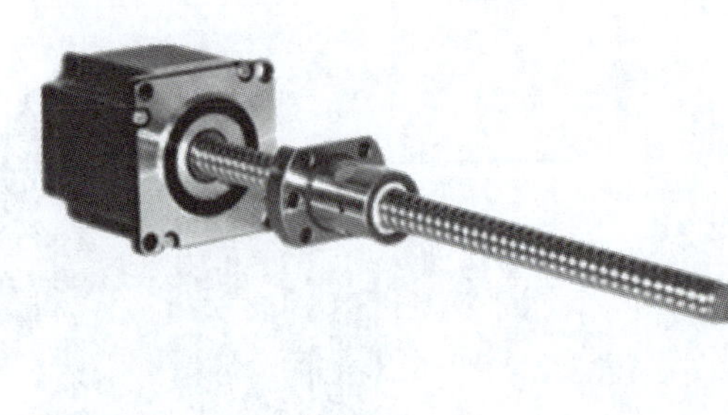

图 4-1-4　进给驱动系统

4. 数控系统

数控系统是加工中心的核心，主要由数控装置（见图 4-1-5）、可编程控制器、位置检测器、伺服电动机等部分组成，它们是加工中心执行顺序控制动作和完成加工过程的控制中心，对加工中心的性能有直接影响。

5. 自动换刀系统

自动换刀系统主要由刀库、自动换刀装置（autotool change，ATC）等部件组成。刀库是存放加工过程所要使用的全部刀具的装置，如图 4-1-6 所示。当需要换刀时，根据数控系统的指令，由机械手（或其他方式）将刀具从刀库取出装入主轴孔中。刀库有盘式、链式和鼓式等多种形式，容量从几把到几百把不等。机械手的结构根据刀库与主轴的相对位置及结构的不同也有多种形式，如单臂式、双臂式、回转式和轨道式等。有的加工中心利用主轴箱或刀库的移动实现换刀。

6. 辅助系统

辅助系统包括润滑、冷却、排屑防护、液压和随机检测系统等部分。辅助系统虽不

学习笔记

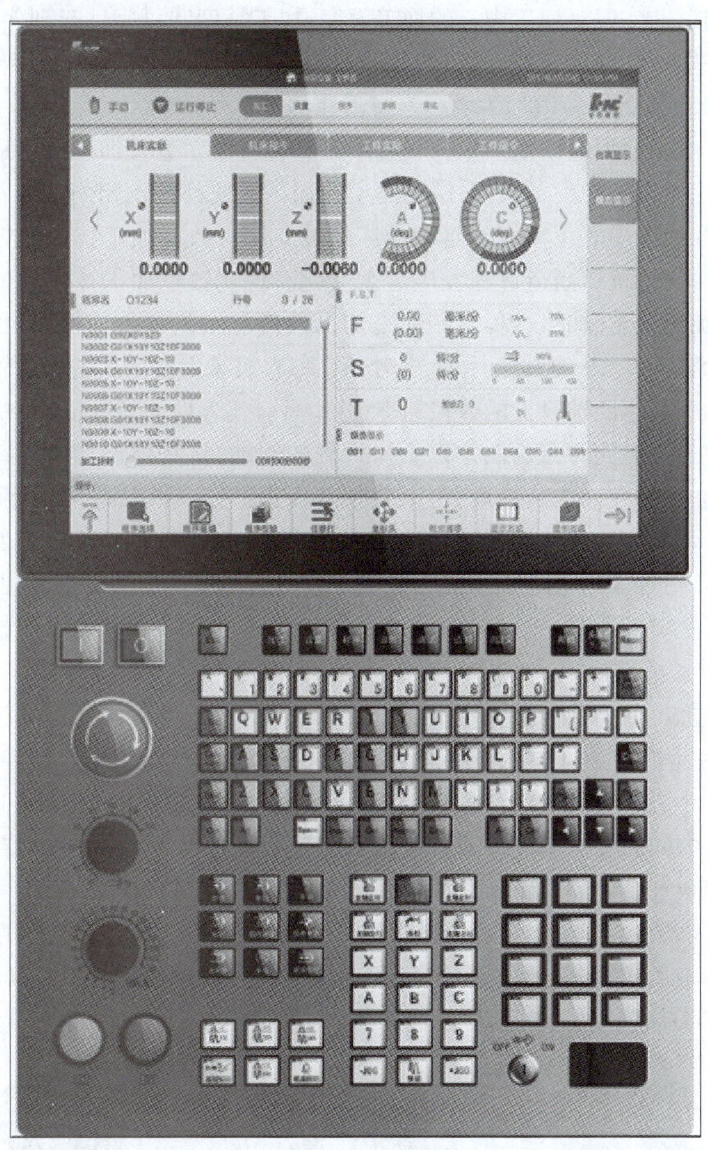

图 4-1-5　华中-848 数控系统

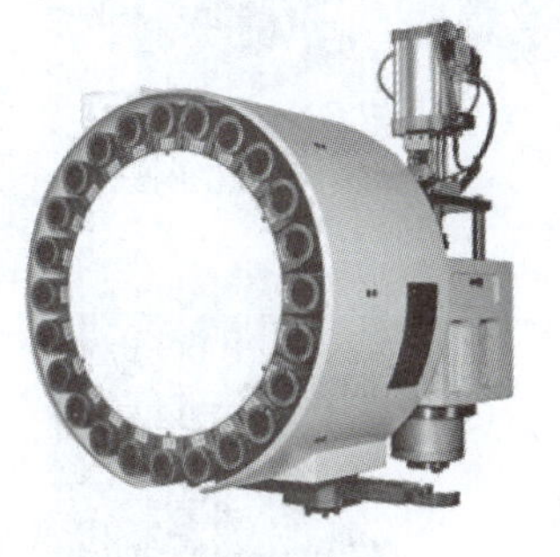

（a）盘式

（b）链式

图 4-1-6　刀库

学习笔记

直接参与切削运动。但对加工中心的加工效率、加工精度和可靠性起到保障作用,因此也是加工中心中不可缺少的部分。

问题5:什么是数控多轴加工中心?有哪些种类?

多轴加工准确地说应该是多坐标联动加工。当前大多数控加工设备最多可以实现五坐标联动,这类设备的种类很多,结构类型和控制系统都各不相同。随着数控技术的发展,多轴数控加工中心正在得到越来越广泛的应用。数控加工技术作为现代机械制造技术的基础,使得机械制造过程发生显著变化。现代数控加工技术与传统加工技术相比,无论在加工工艺、加工过程控制还是加工设备与工艺装备等方面均有显著不同。普通数控机床有 *xyz* 三个直线坐标轴,多轴指在一台机床上至少具备第四轴。通常所说的多轴数控加工是指四轴以上的数控加工,其中具有代表性的是五轴数控加工。

多轴数控加工能同时控制四个以上坐标轴的联动,将数控铣、数控镗、数控钻等功能组合在一起,工件在一次装夹后,可以对加工面进行铣、镗、钻等多工序加工,有效避免由于多次安装造成的定位误差,能够缩短生产周期,提高加工精度。随着模具制造技术的迅速发展,对加工中心的加工能力和加工效率提出了更高的要求,因此多轴数控加工技术得到了空前的发展。

1. 多轴加工的类型

多轴数控加工的类型包括多轴铣削加工中心及数控车铣复合加工中心两类。

(1)多轴铣削加工中心。多轴铣削加工中心还包括立式加工中心和卧式加工中心。三轴立式加工中心最有效的加工面仅为工件的顶面,卧式加工中心借助回转工作台,也只能完成工件的四面加工。而多轴数控加工中心具有高效率、高精度的特点,工件在一次装夹后能完成五个面的加工。如果配置五轴联动的高挡数控系统,还可以对复杂的空间曲面进行高精度加工,非常适合加工汽车零部件、飞机结构件等工件的成形模具。

根据回转轴形式,多轴数控加工中心可分为工作台摆动式见图4-1-7(a)~(c)和主轴摆动式见图4-1-7(d)~(f)两种设置方式。

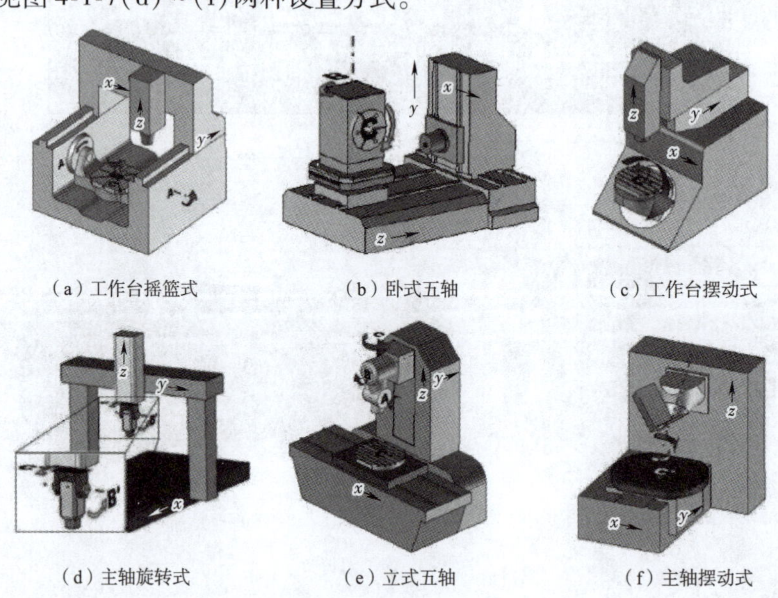

(a)工作台摇篮式　(b)卧式五轴　(c)工作台摆动式

(d)主轴旋转式　(e)立式五轴　(f)主轴摆动式

图4-1-7　五轴机床回转形式

①工作台摆动式。这种设置方式的多轴数控加工机床的优点是：主轴结构比较简单，主轴刚性非常好，制造成本较低。但工作台不能设计得太大，承重也较小，特别是当 A 轴回转角度为290°时，工件切削时会对工作台带来很大的承载力矩，如图4-1-8所示。

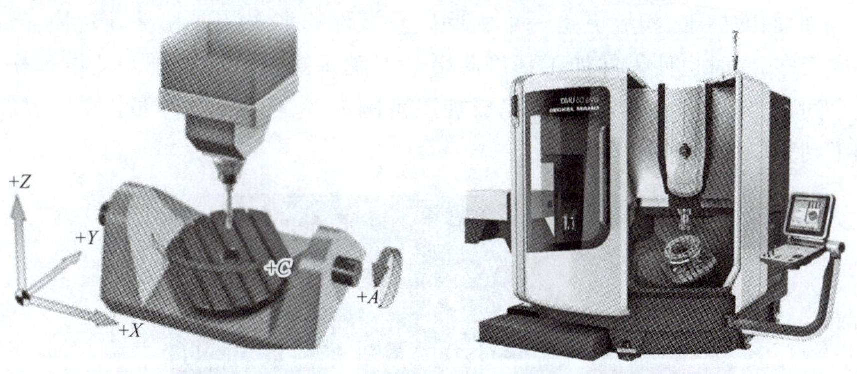

图4-1-8　工作台回转方式

②主轴摆动式。这种设置方式的多轴数控加工机床的优点是：主轴加工非常灵活，工作台也可以设计得非常大。在使用球面铣刀加工曲面时，当刀具中心线垂直于加工面时，由于球面铣刀的顶点线速度为零，顶点切出的工件表面质量会很差，而采用主轴摆动的设计，令主轴相对工件转过一个角度，使球面铣刀避开顶点切削，保证有一定的线速度，可提高表面加工质量，这是工作台摆动式加工中心难以做到的，如图4-1-9所示。

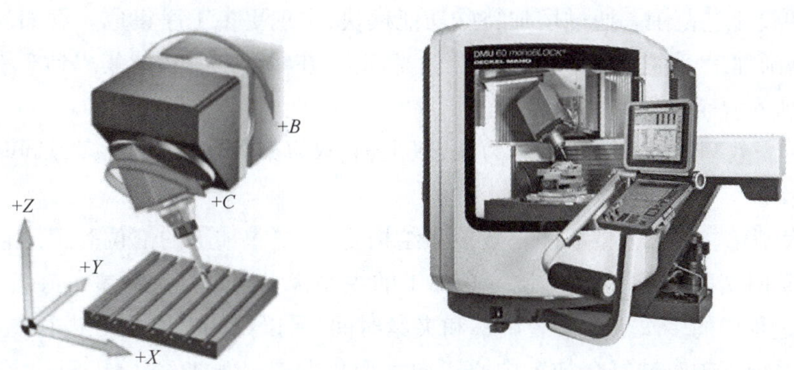

图4-1-9　主轴摆动式

（2）数控车铣复合加工中心。数控车铣技术是多轴加工技术的典型，五轴车铣中心是数控车铣技术的载体，是指一种以车削功能为主，并集成了铣削和镗削等功能，至少具有三个直线进给轴和两个圆周进给轴，且配有自动换刀系统的机床的统称。这种车铣复合加工中心（见图4-1-10）是在三轴车削中心基础上发展起来的，相当于一台车削中心和一台加工中心的复合，是一种在传统机械设计技术和精密制造技术基础上，集成了现代先进控制技术、精密测量技术和CAD/CAM应用技术的先进机械加工技术。五轴车铣中心的先进性表现在其设计理念上。在通常的机械加工概念中，一个零件的加工，少则一两道工序，多则上百道工序，需要经过多台设备的加工才能完成，同时还需要准备刀具、工装夹具。对复杂的零件来说，有时一套工装的准备就需要3～5个月的时间，即使不考虑经济成本，也可能会导致错过许多商品机遇和战略机遇。在汽车、家电等批量生产行业，为了提高效率和自动化水平，广泛采用自动化生产线，庞大的物流系统构成了自动线主要的一部分，同时是一个占资金、占仓库的部分，也是故障多发的部分，对复杂形面的加工，物流更是一个大问题。零件的多次装夹和基准转换，有时带来不必要的工序，同时也使零件加工精度降低。五轴车铣复合加工中心从设计概念上解决了这个问题，只需一次装夹，即可完成加工范围内的全部或绝大部分工序，实现了从复合加工到完整加工的飞跃。

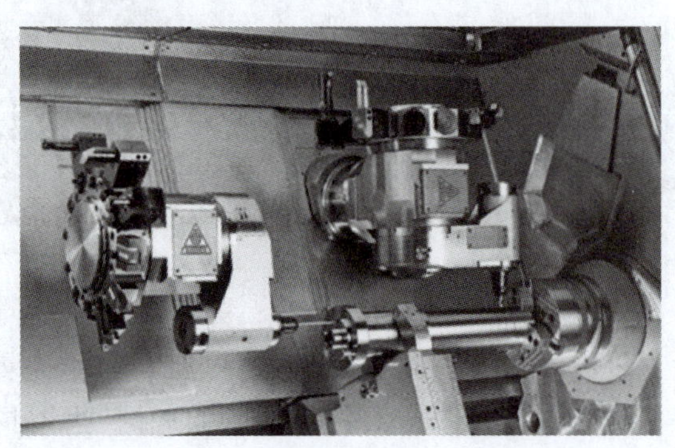

图 4-1-10　数控五轴车铣复合加工机床

五轴车铣复合加工中心从产生至今，技术已逐渐成熟并被国内外用户接受和认可。从趋势上看，五轴车铣复合加工中心主要向以下几个方向发展：

(1)更高工艺范围。通过增加特殊功能模块，实现更多工序集成。例如，将齿轮加工、内外磨削加工、深孔加工、型腔加工、激光淬火、在线测量等功能集成到车铣中心上，真正做到所有复杂零件的完整加工。

(2)更高效率。通过配置双动力头、双主轴、双刀架等功能，实现多刀同时加工，提高加工效率。

(3)大型化。由于大型零件一般多为结构复杂、要求加工的部位和工序较多、安装定位也较费时费事的零件，而车铣复合加工的主要优点之一是减少零件在多工序和多工艺加工过程中的多次重新安装调整和夹紧时间，所以采用车铣中心进行复合加工比较有利。目前五轴车铣复合加工中心正向大型化发展。例如，沈阳机床的 HTM125 系列五轴车铣中心，回转直径达到 1 250 mm，加工长度可达到 10 000 mm，非常适合大型船用柴油机曲轴的车铣加工。

(4)结构模块化和功能可快速重组。五轴车铣中心的功能可快速重组是其能够快速响应市场需求，并能抢占市场的先决条件，而结构模块化是五轴车铣中心功能可快速重组的基础。一些技术先进的厂家(如德国的 DMG、奥地利的 WFL、日本的 MAZAK 公司等)的许多产品都已实现结构模块化设计，并正在向如何实现功能快速重组的方向努力。

五轴车铣技术的先进理念是提高产品质量和缩短产品制造周期。因此，这种技术在军工、航空、航天、船舶以及一些民用工业领域中的应用具有相当大的优势，尤其是在航空航天领域一些形状复杂的异形零件的加工。

学习笔记

问题6:多轴加工有哪些特点?

1. 减少基准转换,提高加工精度

多轴数控加工的工序集成化不仅提高了工艺的有效性,而且由于零件在整体加工过程中只需一次装夹,加工精度更容易得到保证。

2. 减少工装夹具数量和占地面积

尽管多轴数控加工中心的单台设备价格较高,但由于过程链的缩短和设备数量的减少,工装夹具数量、车间占地面积和设备维护费用也随之减少。

3. 缩短生产过程链,简化生产管理

多轴数控机床的完整加工大大缩短了生产过程链,而且由于只把加工任务交给一个工作岗位,不仅使生产管理和计划调度简化,而且透明度明显提高。工件越复杂,其相对传统工序分散的生产方法的优势就越明显。同时由于生产过程链的缩短,在制品数量必然减少,可以简化生产管理,从而降低生产运作和管理的成本。

4. 缩短新产品研发周期

对于航空航天、汽车制造等领域的企业,有的新产品零件及成形模具形状很复杂,精度要求也很高,因此具备高柔性、高精度、高集成性和完整加工能力的多轴数控加工中心可以很好地解决新产品研发过程中复杂零件加工的精度和周期问题,大大缩短研发周期和提高新产品的成功率。

问题7:多轴加工有哪些难点?

人们早已认识到多轴数控加工技术的优越性和重要性,但到目前为止,多轴数控加工技术的应用仍然局限于少数资金雄厚的部门,并且仍然存在尚未解决的难题。由于多轴数控加工影响刀具在加工空间的位置控制,其数控编程、数控系统和机床结构远比三轴机床复杂得多。目前,多轴数控加工技术存在以下几个问题:

1. 多轴数控编程抽象、操作困难

三轴机床只有直线坐标轴,而五轴数控机床结构形式多样,同一段 NC 代码可以在不同的三轴数控机床上获得同样的加工效果,但某一种五轴机床的 NC 代码却不能适用于所有类型的五轴机床。数控编程除了直线运动之外,还要协调旋转运动的相关计算,如旋转角度行程检验、非线性误差校核、刀具旋转运动计算等,处理的信息量很大,数控编程极其抽象。多轴数控加工的操作和编程技能密切相关,如果用户为机床增添了特殊功能,则编程和操作会更复杂。只有反复实践,编程及操作人员才能掌握必备的知识和技能。经验丰富的编程与操作人员的缺乏,是多轴数控加工技术普及的阻力之一。

2. 刀具半径补偿困难

在五轴联动 NC 程序中,刀具长度补偿功能仍然有效,而刀具半径补偿却失效了。使用圆柱铣刀进行接触成形铣削时,需要对不同直径的刀具编制不同的程序。目前流行的 CNC 系统尚无法完成刀具半径补偿,因为 ISO 文件中没有提供足够的数据对刀具位置进行重新计算。用户在进行数控加工时需要频繁换刀或调整刀具的确切尺寸,按照正常的处理程序,刀具轨迹应送回 CAM 系统重新进行计算,从而导致整个加工过程效率不高。对这个问题的最终解决方案,将有赖于新一代 CNC 控制系统,该系统能够识别通用格式的工件模型文件(如 STEP 等)或 CAD 系统文件。

学习笔记

3. 购置机床需要大量投资

多轴数控加工机床和三轴数控加工机床之间的价格悬殊。多轴数控加工除了机床本身的投资之外,还必须对CAD/CAM系统软件和后置处理器进行升级,使其适应多轴数控加工的要求,以及对校验程序进行升级,使其能够对整个机床进行仿真处理。

问题8:数控多轴加工技术的应用领域有哪些?

数控程序是由一系列字符与数字组成的。在数控系统内部每个字符或数字都有对应的固定代码。目前在国际上主要有两种代码标准:ISO(国际标准化组织)标准和EIA(美国电子工业协会)标准。ISO代码与EIA代码相比有如下优点:

(1)ISO代码为七位二进制代码,EIA代码为六位二进制代码(不包括奇偶校验位),因而ISO代码比EIA代码大一倍。

(2)ISO代码比EIA代码的编码规律性强,更容易识别。

(3)ISO代码为偶数码,第8位为补偶位。而EIA代码为奇数码,第5位为补奇位。

必须注意的是,目前国内外各种数控机床所使用的标准尚未完全统一,有关指令代码及其含义不尽相同,编程时务必严格遵守具体机床使用说明书中的规定。

穿孔纸带又称纸带、指令带,它是数控装置常用的控制介质。穿孔纸带上必须用规定的代码,以规定的格式排列,并代表规定的信息。数控装置读入这些信息后,对它进行处理,用于指挥数控机床完成一定的机械运动。

目前,数控机床多采用八单位穿孔纸带,穿孔纸带的每行可穿九个孔,其中一个小孔称为“中导孔”或“同步孔”,用来产生读带的同步控制信号。其余八个孔称为“信息孔”,用于记录数字、字母或符号等信息。

代码是数控系统传递信息的语言,程序单中给出的字母、数字或符号都按规定穿出孔来(即信息孔)。有孔表示二进制的“1”,无孔表示二进制的“0”。根据穿孔纸带上一排孔有、无状态的不同,便可以得到不同的信息。这一排孔称为代码或字符。目前,数控系统中常用的代码有ISO代码和EIA代码。

ISO代码是由7位二进制数和一位偶校验位组成,它的特点是穿孔纸带上每一排孔的孔数必须为偶数,故又称ISO代码为偶数码。代码孔有一定的规律性,如所有数字需在第五列和第六列上穿孔,字母需在第七列穿孔,第八列为偶校验位,当某个代码的孔数为奇数时,就在该代码行的第八列穿一个孔,使孔的总数为偶数,如果某个代码的孔数已为偶数,则第八列不再补孔。

EIA代码的特点是除CR外,其他各字符均不占用第八列,其次它的每一排孔的孔数都是奇数,故又称EIA代码为奇数码,其第五列孔为补奇孔。例如,数字5按二进制应在第一列和第三列有孔,但孔数为偶数,故在第五列上补一个孔使孔数为奇数。补偶与补奇的目的是在数控机床读入程序时检验穿孔纸带是否有少穿孔或破孔的现象,如果有问题,控制系统就会报警,并命令停机。除ISO标准和EIA标准外,现在很多系统都已经出现了模块化编程方式,模块化编程方式体现最为突出的是西门子数控系统。西门子系统中可以直观地观看到工件、毛坯、刀具等相关模块元素,可以根据相关的加工内容选择不同的毛坯和刀具,加工参数的数据也由相关的动态图形给予直观的演示和介绍。

学习笔记

在海德汉数控系统中也存在很多模块化编程，模块化编程就是把 ISO 代码指令做成相关的数据模块，根据加工需要填写相关的加工数据，从而生产加工模块或加工代码。

任务实施

根据本任务介绍的知识点内容，细化数控加工中心的定义和分类以及各类的特点和不足，进行归纳总结，小组讨论，形成课程思维导图，填写任务工单、组员分工、任务准备及工作步骤等内容并进行分享汇报。

任务工单

<table>
<tr><td>班级</td><td></td><td>组号</td><td></td><td colspan="2">指导教师</td><td></td></tr>
<tr><td>组长</td><td></td><td>学号</td><td colspan="4"></td></tr>
<tr><td rowspan="4">组员</td><td>姓名</td><td>学号</td><td colspan="2">姓名</td><td colspan="2">学号</td></tr>
<tr><td></td><td></td><td colspan="2"></td><td colspan="2"></td></tr>
<tr><td></td><td></td><td colspan="2"></td><td colspan="2"></td></tr>
<tr><td></td><td></td><td colspan="2"></td><td colspan="2"></td></tr>
<tr><td colspan="7">任务分工</td></tr>
<tr><td colspan="7">任务准备</td></tr>
<tr><td colspan="7">工作步骤</td></tr>
</table>

学习笔记

任务评价

任务 4.1 评价表见表 4-1-1，采用得分制，本任务在课程考核成绩中占比 4%。

表 4-1-1　任务 4.1 评价表

项目	评价内容	学生自评（30%）	小组互评（30%）	教师评价（40%）
素质评价（30%）	遵守纪律，遵守相关管理规定，服从安排（5 分）			
	具有安全意识、责任意识、6S 管理意识，注重节约、节能与环保（5 分）			
	学习态度积极主动，能够参加实习安排的活动（5 分）			
	具有团队合作意识，注重沟通，能够自主学习及相互协作（10 分）			
	仪容仪表符合活动要求（5 分）			
技能评价（70%）	按时按要求独立完成任务工单（40 分）			
	仿真加工工具、设备选择得当，使用符合技术要求（10 分）			
	操作规范，符合要求（5 分）			
	学习准备充分、完整（10 分）			
	注重工作效率与工作质量（5 分）			
本次得分：				
最终得分：				
教师反馈：		教师签名： 年　月　日		

任务拓展

1. 数控加工中心与数控铣床主要区别有哪些？
2. 数控加工中心的特点有哪些？
3. 多轴数控加工中心可分为哪几类？
4. 五轴车铣复合加工中心主要发展方向是什么？
5. 多轴加工的特点有哪些？
6. 数控程序目前的主要标准有哪些？
7. 多轴加工的难点有哪些？

拓展阅读

了解了机床的结构特点，让我们一起讨论一下，数控机床为什么被称为工业母机。请大家谈一谈自己的理解。

学习笔记

任务4.2　加工中心典型编程指令应用

任务目标

1. 学习和掌握有关数据加工中心相关的编程指令。
2. 针对不同孔的要求选择合理的加工指令。

素养目标

1. 引入拓展阅读，告诉大家应保持一种乐观的心态，要有奋斗的决心和士气，进而为之付出和努力。

2. 通过学习本任务了解工匠精神的作用和传承的必要性、发挥工匠精神在整个行业中的决定性意义。

任务描述

通过不同孔加工指令的认识和学习，了解在机械行业中不同孔加工时所需要的孔加工指令和特点，从而保证生成零件的合格性。

任务资讯

在机械加工中，孔加工约占加工总量的1/3。孔加工是半封闭式切削，排屑、热量传散、切削液冷却都较为困难，特别孔深加工难度更大。与外圆表面加工相比，孔加工的条件要差得多，加工孔要比加工外圆困难。这是因为：

(1)孔加工所用刀具的尺寸受被加工孔尺寸的限制，刚性差，容易产生弯曲变形和振动。

(2)用定尺寸刀具加工孔时，孔加工的尺寸往往直接取决于刀具的相应尺寸，刀具的制造误差和磨损将直接影响孔的加工精度。

(3)加工孔时，切削区在工件内部，排屑及散热条件差，加工精度和表面质量都不易控制。

问题1：孔加工指令有哪些？其动作形态是什么？

为了提高编程工作效率，FANUC系统对于一些典型加工中几个固定、连续的动作规定可用固定循环指令选择。该系统常用的固定循环指令能完成的工作有：镗孔、钻孔和攻螺纹等。孔加工固定循环指令有G73、G74、G76、G80～G89，通常由下述6个动作构成，如图4-2-1所示，图中实线表示切削进给，虚线表示快速进给。

学习笔记

动作1:x、y 轴定位;
动作2:快速运动到 R 点(参考点);
动作3:孔加工;
动作4:在孔底的动作;
动作5:退回到 R 点(参考点);
动作6:快速返回到初始点。

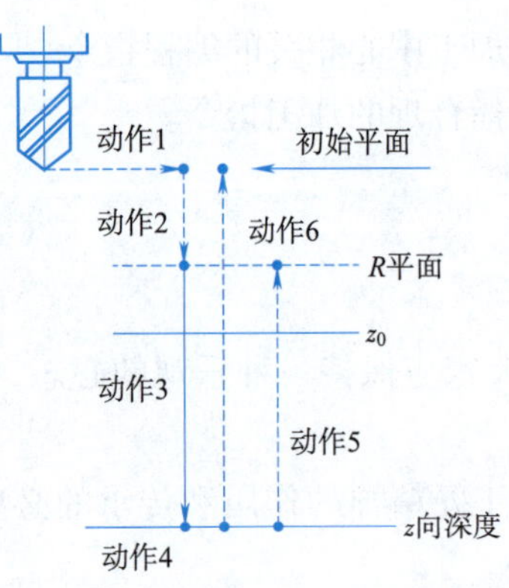

图 4-2-1　孔加工固定循环

固定循环的程序格式包括数据表达形式、返回点平面、孔加工方式、孔位置数据、孔加工数据和循环次数。其中数据表达形式可以用绝对坐标 G90 和增量坐标 G91 表示。如图 4-2-2 所示,其中图 4-2-2(a)采用 G90 的表达形式,图 4-2-2(b)采用 G91 的表达形式。

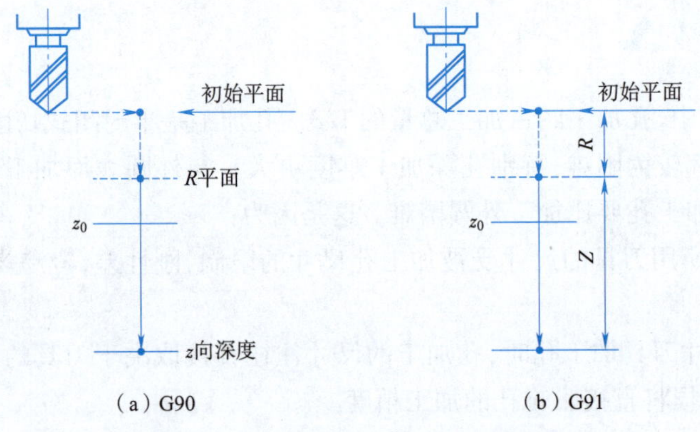

图 4-2-2　固定循环中绝对和增量输入值

1. 固定循环的指令格式

G98/G99 G73(或 G74、G76、G80 ~ G89)X_Y_Z_R_Q_P_I_J_F_L_;

2. 指令说明

第一个 G 代码(G98 或 G99)指定返回点平面,G98 为返回初始平面,G99 为返回 R 平面。

第二个 G 代码为孔加工方式,即固定循环代码 G73、G74、G76 和 G81 ~ G89 中的任一个。数据形式(G90 或 G91)在程序开始时就已指定,因此,在固定循环程序格式中可不写出。

X、Y 为孔的位置坐标,Z 为 *R* 点到孔底的距离(G91 时)或孔底坐标(G90 时)。

R 为初始点到 *R* 点的距离(G91 时)或 *R* 点的坐标值(G90 时);Q 指定每次进给深度(G73 或 G83 时)或指定刀具位移增量(G76 或 G87 时)。

P 指定刀具在孔底的暂停时间。

I、J 指定刀尖向反方向的移动量;F 为切削进给速度。

L 指定固定循环的次数。

G73、G74、G76 和 G81 ~ G89、Z、R、P、F、Q、I、J 都是模态指令,G80、G01 ~ G03 等代码可以取消固定循环。在固定循环中,定位速度由前面的指令速度决定。

问题 2:什么是深孔钻加工循环?

指令格式:

```
G73 X_ Y_ Z_ R_ Q_ F_;
G83 X_ Y_ Z_ R_ Q_ F_;
```

深孔钻又称断续切削钻,它使用固定循环 G73(高速深孔钻循环)或 G83(标准深孔钻循环)。这两个循环的区别在于退刀方式的不同。设定一个小的退刀量 *d*,使机床在钻深孔时间歇进给,便于排屑,退刀量以快速进给速度执行。G73 中钻头退刀距离很小(0.4 ~ 0.8 mm),而 G83 中钻头每次进给后退刀至 *R* 平面(通常在孔上方)。G73、G83 指令动作循环如图 4-2-3 所示。

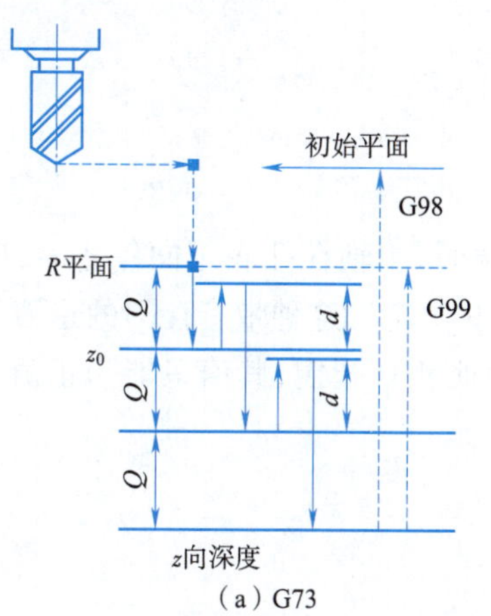

(a) G73

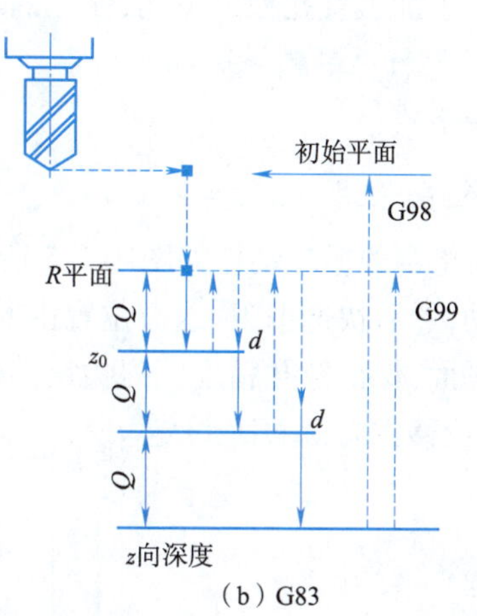

(b) G83

图 4-2-3　深孔钻加工循环

高速深孔钻循环指令G73

对于太深而不能使用一次进给运动加工的孔,通常使用深孔钻,深孔钻方法在孔加工中的应用有:深孔钻削;断屑也可以用于较硬材料的短孔加工;清除堆积在钻头螺旋槽内的切屑;钻头切削刃的冷却和润滑;控制钻头穿透材料。

问题 3:定心钻削循环指令是什么?

指令格式:

```
G81 X_ Y_ Z_ R_ F_;
```

学习笔记

钻孔循环指令 G81 为主轴正转,刀具以进给速度向下运动钻孔,到达孔底位置后,快速退回(无孔底动作)。此指令主要用于加工薄板通孔和中心孔,这是一种常用的钻孔加工方式。G81 指令的循环动作如图 4-2-4 所示。

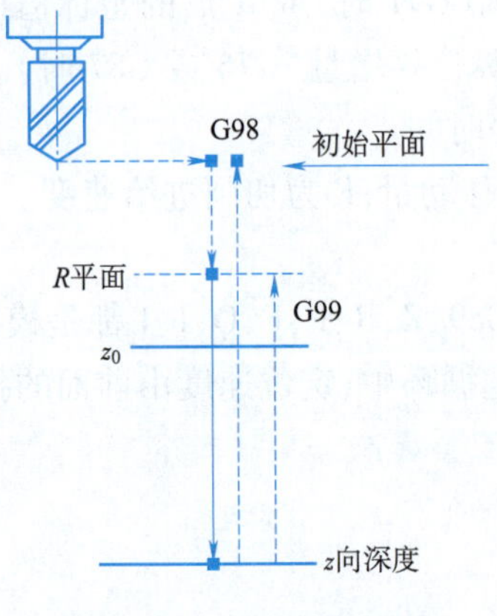

图 4-2-4　G81 固定循环

问题 4:带停顿的定心钻孔循环是什么?

指令格式:

```
G82 X_ Y_ Z_ R_ F_ P_;
```

该指令除了要在孔底暂停外,其他动作与 G81 相同。暂停时间由地址 P 给出,此指令主要用于加工盲孔和沉头孔,使孔的表面更光滑。

问题 5:什么是精镗循环?

指令格式:

```
G76 X_ Y_ Z_ R_ F_ P_ Q_;
```

G76 指令的循环动作如图 4-2-5 所示。精镗时,主轴在孔底定向停止后,向刀尖反方向移动,然后快速退刀,退刀位置由 G98 和 G99 决定。这种带有让刀的退刀不会划伤已加工平面,保证镗孔精度。刀尖反向位移量用地址 Q 指定,其值只能为正值。Q 值是模态的,位移方向由 MDI 设定。

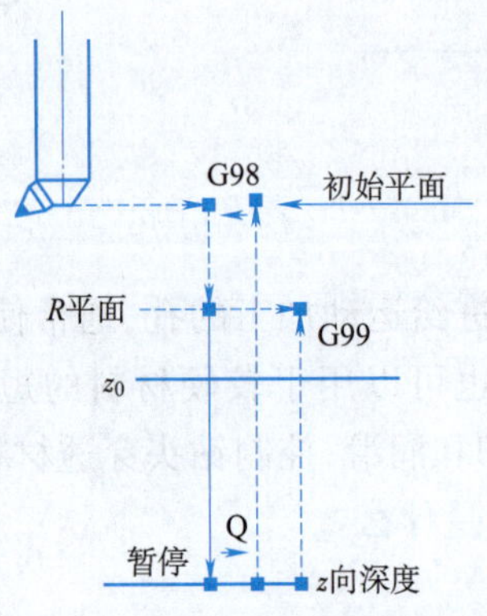

图 4-2-5　G76 固定循环(用于高精度加工)

学习笔记

问题 6:镗孔循环(G85)如何应用?

指令格式:

```
G85 X_Y_Z_R_F_;
```

镗孔加工循环指令 G85 如图 4-2-6 所示,主轴正转,刀具以进给速度向下运动镗孔,到达孔底位置后,立即以进给速度退出(没有孔底动作)。

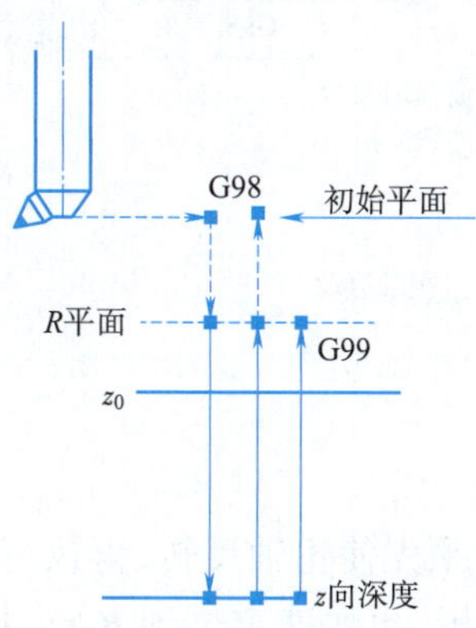

图 4-2-6　G85 固定循环(通常用于镗孔和铰孔)

G85 镗削循环通常用于镗孔和铰孔,刀具运动进入和退出孔时可以改善孔的表面质量、尺寸公差和(或)同轴度、圆度等。使用 G85 循环进行镗削时,镗刀返回过程中可能会切除少量材料,这是因为退刀过程中刀具压力减小。如果无法改善表面质量,应该换用其他循环。

问题 7:镗孔循环(G86)如何应用?

指令格式:

```
G86 X_Y_Z_R_F_;
```

G86 与 G85 的区别是:G86 在到达孔底位置后,主轴停止转动,并快速退出。

问题 8:镗孔循环(G89)如何应用?

指令格式:

```
G89 X_Y_Z_R_F_P_;
```

镗削操作中,进入和退出孔时都需要使用进给率,且在孔底指定暂停时间。暂停值是唯一能够区分 G89 循环和 G85 循环的部分。

问题 9:如何进行背镗循环?

指令格式:

```
G87 X_Y_Z_R_Q_(I_J_)F_;
```

背镗循环在实际生产中并不常见,该循环的工作方向与其他循环相反,即从工件背面开始加工。通常背镗操作从孔底部开始加工,镗削操作沿 z 轴向上(z 正方向)进行。背镗动作如图 4-2-7 所示。

问题 10:攻左螺纹循环的指令是什么?

指令格式:

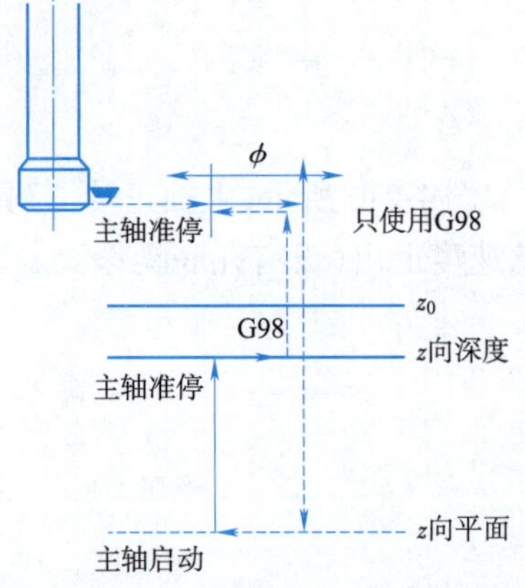

图 4-2-7　G87 固定循环(只用于背镗)

```
G74 X_ Y_ Z_ R_ F_;
```

此指令用于攻左旋螺纹,故须先使主轴反转,再执行 G74 指令,则左螺旋丝锥先快速定位至 X、Y 所指定的坐标位置,再快速定位到 R 点,接着以 F 所指定的进给速率攻螺纹至 Z 所指定的孔底位置后,主轴转换为正转同时向 z 轴正方向退回至 R 点,退至 R 点后主轴恢复原来的反转,如图 4-2-8 所示。

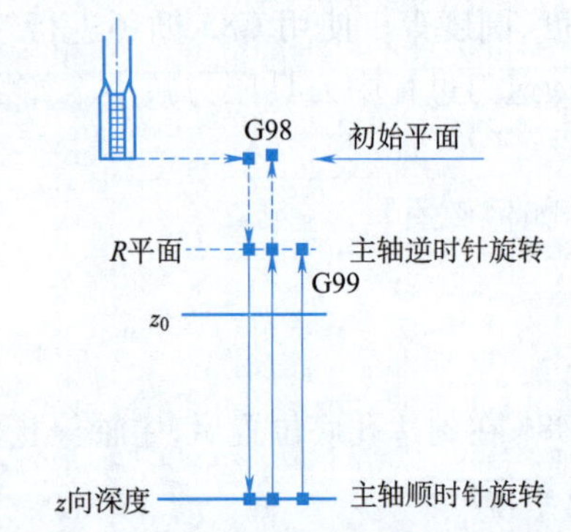

图 4-2-8　G74 固定循环(只用于左旋攻丝)

攻螺纹的进给速率 F(mm/min) = 导程(mm/r) × 主轴转速(r/min)

例 4-1　如图 4-2-9 所示工件,利用 G73 钻孔后,再使用 G74 攻 LM8 × 1.25 螺纹。钻孔转速 800 r/min,进给速率 60 mm/min,攻螺纹转速 100 r/min,进给速率为 1.25 × 100 = 125 mm/min。工件材质是铝合金。

程序如下:

```
O0074;                    本程序适合无臂式换刀机构
G40 G80 G49;
G28 G91 Z0;
G28 X0 Y0;
G54;
M06 T01;                  换 1 号刀 ϕ6.8 钻头
```

学习笔记

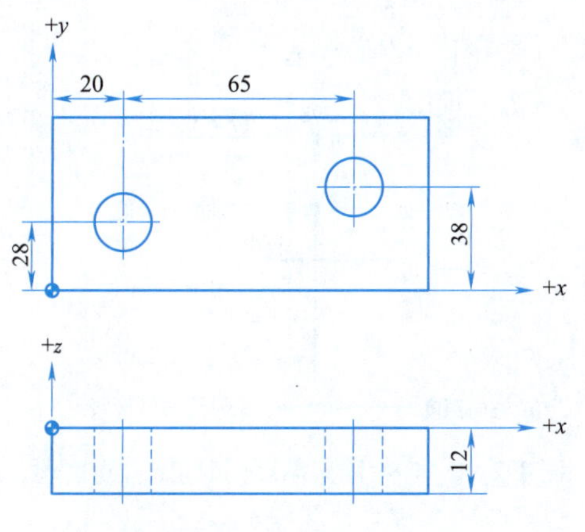

图 4-2-9 G73、G74 应用实例

```
M03 S800;
G90 G00 X0 Y0;
G43 Z10. H01;                         启动刀具长度补偿,并快速定位至工件表面
                                      上方 10 mm(起始点高度)
G99 G73 X20. Y28. R3. Z-15. Q5000 F60;   R 点在工件表面上方 3 mm,钻孔深度为 12 +
                                      0.3×8=15
X85. Y38.;                            继续执行 G73 指令
G80;                                  取消自动切削循环
G28 G91 Z0;
M05 G49;
M06 T02;                              换 2 号刀,LM8×1.25 丝锥
M04 S100;                             主转反转 100 r/min
G90 G43 G00 Z10. H02;                 快速定位至起始点,工件表面上方 10 mm 处
G98 G74 X85. Y38. R3. Z-15. F125;     攻螺纹
X20. Y28.;                            继续执行 G74 指令
G80 G49;                              取消自动切削循环状态及刀具长度补偿
G28 G91 Z0;
M30;
```

问题 11:攻右螺纹循环指令是什么?

指令格式:

```
G84 X_ Y_ Z_ R_ F_;
```

此指令用于攻右旋螺纹,故须先使主轴正转,再执行 G84 指令,则右螺旋丝锥先快速定位至 X、Y 所指定的坐标位置,再快速定位到 *R* 点,接着以 F 所指定的进给速率攻螺纹至 Z 所指定的孔底位置后,主轴转换为反转且同时向 *z* 轴正方向退回至 *R* 点,退至 *R* 点后主轴恢复原来的正转,如图 4-2-10 所示。攻螺纹的进给速率 *F*(mm/min) = 导程(mm/r) × 主轴转速(r/min),在 G74、G84 攻螺纹循环指令执行中,进给速率调整钮无效,即使按下进给暂停键,循环在恢复动作结束之前也不会停止。

学习笔记

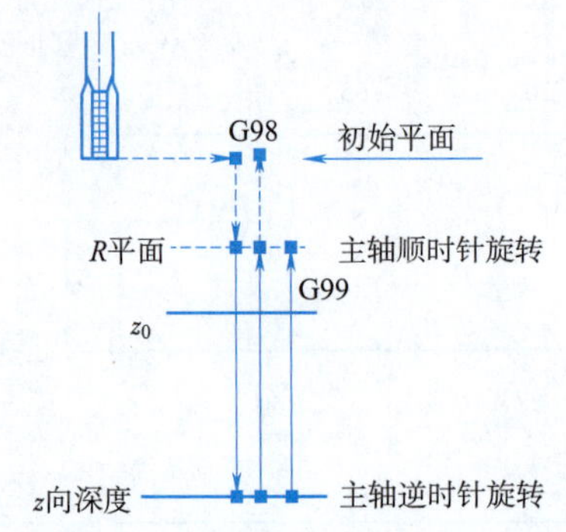

图 4-2-10　G84 固定循环(只用于右旋攻丝)

任务实施

根据本任务介绍的知识点内容,细化孔类加工指令的种类及不格式,对其各种孔指令的动作进行分析,进行归纳总结,小组讨论,形成课程思维导图,填写任务工单、组员分工、任务准备及工作步骤等内容并进行分享汇报。

任务工单

<table>
<tr><td>班级</td><td></td><td>组号</td><td colspan="2"></td><td>指导教师</td><td></td></tr>
<tr><td>组长</td><td></td><td>学号</td><td colspan="4"></td></tr>
<tr><td rowspan="4">组员</td><td>姓名</td><td>学号</td><td colspan="2">姓名</td><td colspan="2">学号</td></tr>
<tr><td></td><td></td><td colspan="2"></td><td colspan="2"></td></tr>
<tr><td></td><td></td><td colspan="2"></td><td colspan="2"></td></tr>
<tr><td></td><td></td><td colspan="2"></td><td colspan="2"></td></tr>
<tr><td colspan="7">任务分工</td></tr>
<tr><td colspan="7">任务准备</td></tr>
<tr><td colspan="7">工作步骤</td></tr>
</table>

学习笔记

任务评价

任务4.2评价表见表4-2-1,采用得分制,本任务在课程考核成绩中占比4%。

表4-2-1　任务4.2评价表

项目	评价内容	学生自评（30%）	小组互评（30%）	教师评价（40%）
素质评价（30%）	遵守纪律,遵守相关管理规定,服从安排(5分)			
	具有安全意识、责任意识、6S管理意识,注重节约、节能与环保(5分)			
	学习态度积极主动,能够参加实习安排的活动(5分)			
	具有团队合作意识,注重沟通,能够自主学习及相互协作(10分)			
	仪容仪表符合活动要求(5分)			
技能评价（70%）	按时按要求独立完成任务工单(40分)			
	仿真加工工具、设备选择得当,使用符合技术要求(10分)			
	操作规范,符合要求(5分)			
	学习准备充分、完整(10分)			
	注重工作效率与工作质量(5分)			
本次得分:				
最终得分:				
教师反馈:		教师签名: 年　　月　　日		

任务拓展

1. G81和G83指令有什么区别?
2. G83与G73指令有什么区别?
3. 对镗孔指令进行简单阐述。
4. 攻丝指令的格式和要求是什么?

拓展阅读

曾听一位智者讲过一则寓言故事:很久以前,海水太冷清,造物主决定造鱼来增添活力。同时,为了解决鱼自身的平衡和海水的压力问题,给每条鱼的身体里安上一个鳔。但是调皮的鲨鱼一下子游走不知去向了,它没有安上鳔。造物主有些惋惜:让可怜的家伙自生自灭吧!若干年后,造物主想查看鱼儿的生存状况,便召集所有的鱼类前来。造物主问:"你们谁是当初的鲨鱼?"这时,一条大鱼游了过来,说:"我就是鲨鱼!"

学习笔记

造物主很吃惊，问："你没有鳔，为何能活下来，还这么凶猛强大？"鲨鱼说："因为没有鳔，所以必须不停地游动来保持身体的平衡和减轻压力，正因为我别无选择，在最艰苦的环境中求生，因此磨炼得最为强大！"

这个没有鱼鳔的鲨鱼的故事，曾激励了很多人自强不息，使他们走上了成功的道路。成功人士风光无限的背后，大多有着艰苦奋斗的历程。他们就和没有鱼鳔的鲨鱼一样，为了生存和理想而不停拼搏，与命运顽强抗争，最终抵达了梦想的彼岸。

任务 4.3 曲面轮廓类零件自动编程指令应用

任务目标

1. 能够使用数控造型软件 NX 12.0、数控系统的自动生成程序进行在线加工。
2. 能够分析零件工艺性能，并正确选定曲面轮廓零件的加工工艺。
3. 能够选用零件毛坯，并确定加工方案。
4. 能够合理使用镶片铣刀、球头铣刀。

素养目标

培养学生精益求精的工匠精神，从"卖油翁"的故事里认识到学无止境，学习积极进取的态度和精益求精的做事理念。

任务描述

通过对任务图纸（见图 4-3-1）的分析，选择所需的编程软件、加工工艺方法及零部件的检查方法。运用数控造型软件 NX 12.0、数控系统的自动生成程序在线加工，加工出合格零件外形。

任务资讯

问题 1：任务需要哪些准备？

(1) 数控铣床 XK714 系统 FANUC。

(2) ϕ72，材料 2A12 铝材。

(3) 游标卡尺（0～150）、千分尺（50～75）、千分尺（75～100）、千分尺（100～125）、钢板尺（0～300）、百分表、ϕ10 塞规八个、ϕ20 塞规。

(4) ϕ8 硬质合金立铣刀两个、R5 球头铣刀。

(5) 擦机床布、2 寸扁刷、可调扳子、线手套、锉刀、组锉、平镜、粗糙度样板、油石。

(6) 机用卡盘、垫铁。

学习笔记

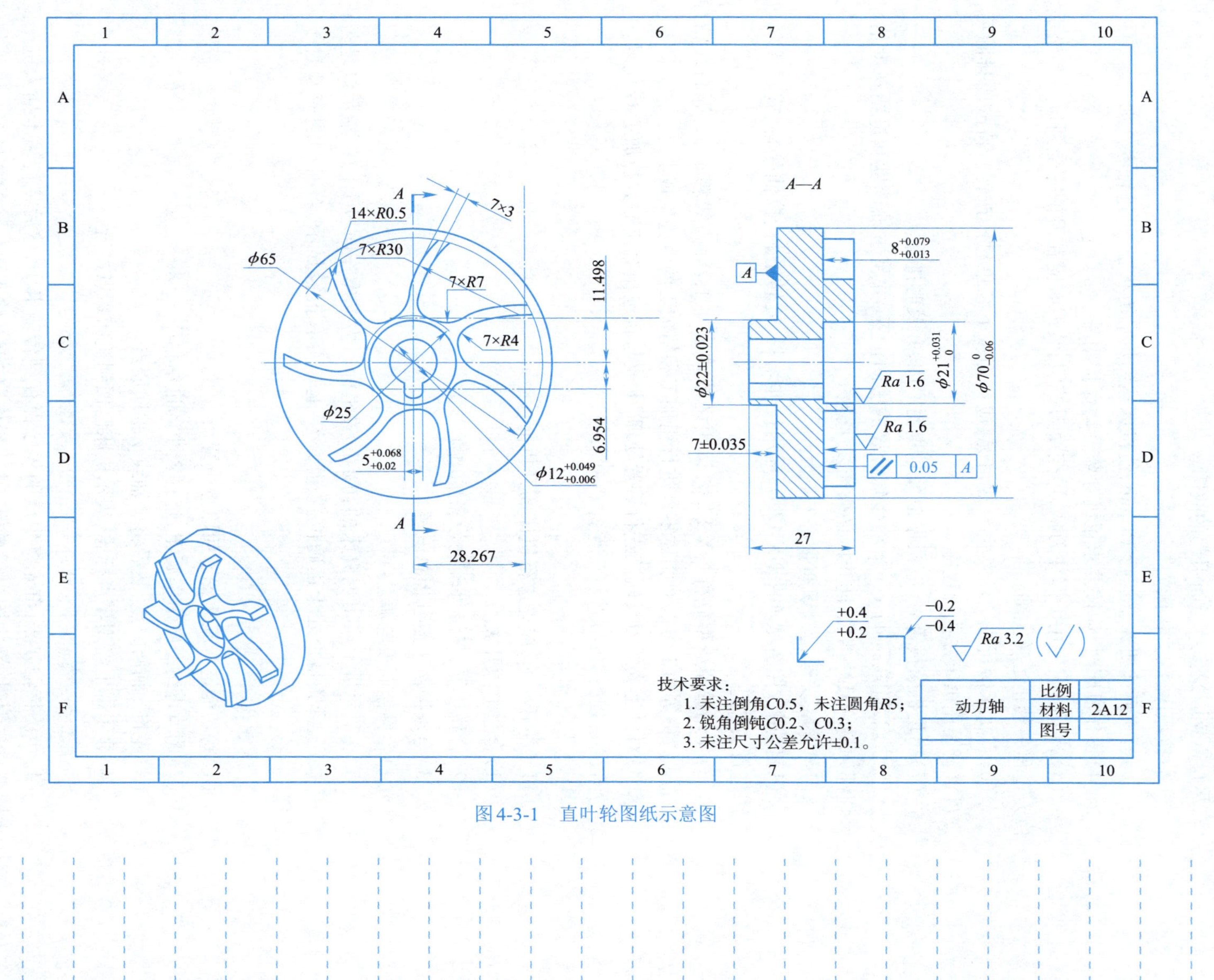

图4-3-1　直叶轮图纸示意图

学习笔记

问题2:加工注意事项有哪些?

(1)操作人员应熟悉所用数控铣床的组成、结构并按机床操作手册的要求正确操作,尽量避免因操作不当而引起的故障。

(2)按顺序开、关机床。

(3)开机后让机床空运行15 min,使机床达到热平衡状态,再进行零件加工。

(4)操作机床时,应按要求正确穿戴劳动保护用品。

(5)卸刀时应先用手握住刀柄,再按换刀按钮;装刀时应在刀柄完全到位后再松手。换刀过程中禁止运转主轴。

(6)在机床运行中一旦发生异常情况,应立即按下红色急停按钮。待故障排除后,方可重新操作机床并执行程序。

(7)出现机床报警时,应根据报警号查明原因,并及时排除。

(8)加工完毕后,将x、y、z轴移到行程的中间位置,并将主轴速度和进给速度倍率旋钮都调整到最低挡位,防止因误操作发生意外。

问题3:相关理论知识有哪些?

(1)使用数控造型软件NX 12.0,运用拉伸增料、旋转增料、拉伸除料、旋转除料等方法进行实体造型。

(2)使用数控造型软件NX 12.0,运用区域式粗加工、等高线粗加工、等高线精加工、笔式清根等加工方法对实体零件进行粗加工和精加工的轨迹生成。

(3)对已生成的刀具轨迹进行后置处理,生成与轨迹相对应的数控加工G代码。

问题4:相关实践知识有哪些?

1. 数控铣床开机操作

机床在开机前,应先进行机床的开机前检查。

(1)合总电源开关。

(2)合稳压器、气源等辅助设备的电源开关。

(3)合数控铣床控制柜总电源。

(4)合操作面板电源。

(5)在显示屏上应出现机床的初始位置坐标。检查操作面板上的各指示灯是否正常,各按钮、开关是否处于正确位置;显示屏上是否有报警显示,若有问题应及时予以处理。

2. 回零操作

(1)将功能选择旋钮置于回原点位置。

(2)调节进给速度倍率旋钮,选择较小的进给倍率。

(3)先将z轴回原点,然后将x轴或y轴回原点。

(4)显示屏上出现零点标志,表示机床已回到机床零点位置。

3. 加工程序输入(FANUC系统程序卡\数据线的传输方法)

(1)卡的传输方法:首先将生成的程序保存到传输卡中,然后将传输卡插入机床的卡槽中,按“编辑”键—按“卡”软键—按“操作”软键—输入要传输的文件名—输入传到机床后的文件名—按“执行”软键。

(2)数据线的传输方法:利用传输软件将要传输的程序直接传到机床内,传输时机床操作为按“在线加工”软键—将进给调为0—按“循环启动”软键，程序传输开始。

4. 工件装夹、找正

(1)根据机床工作台T形槽选择相应尺寸的T形槽螺栓。

(2)清洁工作台面和工件装夹表面。

(3)将工件放置在工作台中间位置，工件的长、宽方向大致与机床 x、y 坐标平行。

(4)将T形槽螺栓装入工作台T形槽。

(5)选择比工件夹紧部位略高的垫块。

(6)将压板两端通过螺钉分别压在工件和垫块上，螺母稍微拧紧。

(7)将百分表通过磁性表座吸附在主轴上。

(8)调整位置，将表头靠近工件基准面。

(9)采用手摇脉冲操作方式，沿 y 轴方向移动工作台，使百分表表头接触工件并转动两圈左右。

(10)沿 x 方向移动工作台，观察百分表指针跳动，用橡胶榔头或铜棒轻轻敲击工件，调整位置，控制百分表指针跳动在一格(0.01 mm)之内。

(11)锁紧螺母。

(12)再次检查找正情况。若超过要求，则松开螺栓进行调整。

(13)取下百分表。

5. 刀具安装(球头刀的安装)

(1)将刀柄装入卸刀座。

(2)清洁刀柄和刀具装夹表面。

(3)将球头铣刀装入刀柄中并适当敲紧。

(4)检查。

(5)卸刀具时，用扳手逆时针旋转将其松开。

(6)使用试切对刀法进行对刀，输入工件坐标系(球头刀的对刀)

当采用基准面对刀时工件通过夹具装夹在机床工作台上，装夹时，工件的四个侧面都应留出试切余量，将刀柄装到主轴上，快速移动主轴，让刀具靠近工件的左侧，改用手摇脉冲操作，让刀具旋转起来，慢慢接触到工件左侧，直至看到有切削。

将机床相对坐标系中的 x 置零，也可记下此时测头在机械坐标系中的 x 坐标值，该 x 坐标值除去刀具半径(5 mm)即为刀具中心在机床坐标系中的 x 坐标值，即该基准面在机床坐标系中的坐标。

将刀具 x 方向移开并上升，使其高于工件表面，向 $+x$ 方向移动，达到相对坐标系的“X5.000”处，此时机床坐标系中的 x 坐标即为头中心在机床坐标系中的 x 坐标，也就是基准面在机床坐标系中的 x 坐标。

将此 x 值输入到工件坐标系中，G54的存储地址也会自动输入这个 x 值，同理按上述步骤输入 z 值和 y 值，坐标系 x、y、z 值被输入到坐标系中。

6. 输入刀具半径补偿值

(1)选择MDI方式。

(2)进入MDI方式子菜单选择“半径补偿”选项。

(3)输入半径补偿值。

学习笔记

7. 加工

(1)选择“自动”方式。

(2)进入“自动”方式子菜单选择“程序选择”选项。

(3)进入“程序选择”选项选择“加工程序”选项。

(4)按“循环启动”软键。

8. 清理现场

(1)打扫机床。

(2)摆放刀具、量具。

(3)关闭机床。

(4)清扫周边环境。

9. 数控铣床关机操作

(1)通过手动方式将工作台和主轴箱移动到坐标行程的中点位置。

(2)断开操作面板电源。

(3)断开数控铣床控制柜总电源。

(4)断开稳压器、气源等辅助设备的电源开关。

(5)断开总电源开关。

问题5:技能训练内容包括什么?

1. 零件图工艺分析

该零件主要由曲面轮廓组成。其中外轮廓形状较复杂且精度较高,该零件材料为2A12铝材,切削加工性能较好。

2. 选择加工方案

以底面为基准,可选择先粗后精、先主后次的原则。

轮廓加工方案的选择:

(1)粗、精加工表面。

(2)粗加工外轮廓。

3. 确定装夹方案

零件外形为规则的正方形,因此加工上表面与轮廓时选择平口机用虎钳。装夹高度25 mm,因此须在虎钳定位基面加垫铁,根据图纸确定垫铁宽度尺寸为30 mm,应小于40 mm。

4. 确定加工顺序及走刀路线

(1)因平口机用虎钳为欠定位,与定位钳口平行方向无定位,上表面采用与定位钳口相垂直的方向加工。

(2)外轮廓粗加工可采用往复加工提高加工效率。

(3)外轮廓精加工采用顺铣方式,刀具沿切线方向切入与切出,提高加工精度。

5. 刀具的选择

(1)设备采用FANUC-0i MATE-MF系统,XH714G数控铣床。

(2)刀具选择见表4-3-1。

学习笔记

表 4-3-1　刀具单

序号	名　称	规　格	数　量
1	平底立铣刀	ϕ12、ϕ8、ϕ5	各 1
2	麻花钻	ϕ10	各 1
3	倒角刀	ϕ10	1
4	刀柄	BT40	自定
5	弹簧夹头	与刀柄、刀具匹配	若干
6	铜片	自定	自定
7	垫片	自定	自定
8	计算器	—	1

(3)量具选择见表 4-3-2。

表 4-3-2　量具单

序号	名　称	规　格	数　量
1	百分表	0 ~ 6	1
2	杠杆百分表	0 ~ 1	1
3	磁力表座	自定	1
4	外径千分尺	0 ~ 25 mm	1
5	外径千分尺	25 ~ 50 mm	1
6	外径千分尺	50 ~ 75 mm	1
7	外径千分尺	75 ~ 100 mm	1
8	内径千分尺	5 ~ 30 mm	1
9	内径千分尺	25 ~ 50 mm	1
10	游标卡尺	0 ~ 150 mm	1
11	深度千分尺	0 ~ 25 mm	1
12	深度千分尺	25 ~ 50 mm	1
13	寻边器	自定	1

(4)工具选择见表 4-3-3。

表 4-3-3　工具单

序号	名　称	规　格	数　量
1	油石	长条形	1 块
2	毛刷	2 寸	1 把
3	棉布	棉质	若干
4	胶木榔头	40 mm	1 个
5	活动扳手	10 寸	1 个
6	卸刀扳手	—	1 个
7	锉刀	10 寸	1 把
8	DNC 连线及通信软件/U 盘	—	各 1

学习笔记

续表

序号	名　　称	规　　格	数　　量
9	高性能计算机	—	1 台
10	精密虎钳	—	1 台
11	单独三爪卡盘	—	1 个
12	V 形块	—	1 对
13	等高铁	—	1 套
14	卸刀座	与 BT40 配套	2 套

6. 任务实施

(1)填写评分汇总表见表 4-3-4。

表 4-3-4　加工评分汇总表

项目	名　　称	配　　分	实际得分
职业素养	6s 及职业规范	10	
工艺文件	数控加工刀具卡	3	
	数控加工程序单	3	
零件加工	铣削零件	39	
	零件部分尺寸自检	5	
	总成绩	60	

(2)填写学生自评表见表 4-3-5。

表 4-3-5　学生自评表

<table>
<tr><td>零件名称</td><td colspan="4">动力轴</td><td colspan="2">允许读数误差</td><td colspan="2">±0.007 mm</td><td>考评员评价</td></tr>
<tr><td rowspan="2">序号</td><td rowspan="2">项目</td><td rowspan="2">尺寸要求</td><td rowspan="2">使用的量具</td><td colspan="4">测量结果</td><td rowspan="2">项目判定</td><td rowspan="2"></td></tr>
<tr><td>第一次</td><td>第二次</td><td>第三次</td><td>平均值</td></tr>
<tr><td>1</td><td>圆柱</td><td>$\phi 70_{-0.06}^{0}$</td><td></td><td></td><td></td><td></td><td></td><td>合格/不合格</td><td></td></tr>
<tr><td>2</td><td>外圆</td><td>$\phi 70 \pm 0.023$</td><td></td><td></td><td></td><td></td><td></td><td>合格/不合格</td><td></td></tr>
<tr><td>3</td><td>深度</td><td>$\phi 70_{+0.013}^{+0.079}$</td><td></td><td></td><td></td><td></td><td></td><td>合格/不合格</td><td></td></tr>
<tr><td colspan="3">结论(对上述三个测量尺寸进行评价)</td><td colspan="6">合格品/次品/废品</td><td></td></tr>
<tr><td colspan="2">处理意见</td><td colspan="7"></td><td></td></tr>
</table>

(3)填写职业素养评分表见表 4-3-6。

学习笔记

表 4-3-6 职业素养评分表

序号	考核项目	评分标准	得分
1	职业与操作规（共 10 分）	1. 按正确的顺序开关机床，关机时铣床工作台、车床刀架停放正确的位置；1 分	
		2. 检查与保养机床润滑系统；1 分	
		3. 正确操作机床，及时排除机床软故障（机床超程、程序传输、正确启动主轴等）；1 分	
		4. 正确使用三爪卡盘扳手、加力杆，安装车床工件；1 分	
		5. 清洁铣床工作台与夹具安装面；0.5 分	
		6. 正确安装和校准平口钳、卡盘等夹具；1 分	
		7. 正确的安装车床刀具，刀具伸出长度合理，校准中心高，禁止使用加力杆；0.5 分	
		8. 正确安装铣床刀具，刀具伸出长度合理，清洁刀具与主轴的接触面；1 分	
		9. 合理使用辅助工具（寻边器、分中棒、百分表、对刀仪、量块等）完成工件坐标系的设置；0.5 分	
		10. 工具、量具、刀具按规定位置正确摆放；0.5 分	
		11. 按要求穿戴安全防护用品（工作服、防砸鞋、护目镜）；1 分	
		12. 完成加工之后，清扫机床及周边；0.5 分	
		13. 机床开机和完成加工后按要求对机床进行检查并做好记录；0.5 分	
			扣分
2	文明生产（5 分，此项为扣分，扣完为止）	1. 机床加工过程中工件掉落；1 分	
		2. 加工中不关闭安全门；1 分	
		3. 刀具非正常损坏；每次 0.5 分	
		4. 发生轻微机床碰撞事故，3 分	
		5. 如发生重大事故（人身和设备安全事故等）、严重违反工艺原则和情节严重的野蛮操作、违反考场纪律等由考评员组决定取消其实操考试资格	
		合计	

（4）填写工艺文件评分表见表 4-3-7。

表 4-3-7 工艺文件评分表

序号	考核项目	评分标准	得分
1	数控加工工序卡片（6 分）	1. 工序卡片表头信息；1 分	
		2. 根据机械工艺过程卡编制工序卡片工步，缺一个工步扣 0.5 分；共 2.5 分	
		3. 工序卡片工步切削参数合理，一项不合理扣 0.5 分；共 2.5 分	
2	数控刀具卡片（3 分）	1. 数控刀具卡片表头信息；0.5 分	
		2. 每个工步刀具参数合理，一项不合理扣 0.5 分；共 2.5 分	
3	数控加工程序单（3 分）	1. 数控加工程序单表头信息；0.5 分	
		2. 每个程序对应的内容正确，一项不合理扣 0.5 分；共 2 分	
		3. 装夹示意图及安装说明；0.5 分	
合计			

(5)填写零件加工评分表见表4-3-8。

表4-3-8　零件加工评分表　　单位:mm

序号	配分	尺寸类型	公称尺寸	上偏差	下偏差	上极限尺寸	下极限尺寸	实际尺寸	得分	备注
A-主要尺寸										
D5	3	ϕ	12	0.049	0.006	12.049	12.006			
C8	3	ϕ	21	0.031	0	21.031	21			
C9	3	ϕ	70	0	-0.06	70	69.94			
C6	3	ϕ	22	0.023	-0.023	22.023	21.977			
D3	3	ϕ	25	0.1	-0.1	25.1	24.9			
B8	3	L	8	0.079	0.013	8.079	8.013			
D7	3	L	7	0.035	-0.035	7.035	6.965			
D4	3	L	5	0.068	0.02	5.068	5.02			
C5	2	L	11.498	0.1	-0.1	11.598	11.398			
E4	2	L	28.267	0.1	-0.1	28.367	28.167			
B-形位公差										
D8	2	平行度	0.05	0	0.00	0.05	0.00			
C-表面粗糙度										
1	2	表面质量	*Ra*1.6	0	0	1.6	0			
2	2	表面质量	*Ra*3.2	0	0	3.2	0			
总计										

(6)填写学生自评表见表4-3-9。

表4-3-9　学生自评表

序号	零件名称	测量项目	配分	评分标准	得分	备注
1	铣削零件	尺寸测量	1.5	每错一处扣0.5分,扣完为止		
		项目判定	0.3	全部正确得分		
		结论判定	0.3	判断正确得分		
		处理意见	0.4	处理正确得分		
总计					0	

(7)编写程序,填写程序单见表4-3-10。

表4-3-10　程序单

序号	程　序
中心钻	
1	%
2	O0001;

学习笔记

续表

序号	程序内容
3	G54 G90;
4	M03 S1000;
5	G0 X0 Y0;
6	G0 Z50.;
7	G83 X0 Y0 Z－3 R10 F30;
8	G00 Z100;
9	M05;
10	M30;
11	%
钻孔	
1	%
2	O0001;
3	G54 G90;
4	M03 S1000;
5	G0 X0 Y0;
6	G0 Z50.;
7	G83 X0 Y0 Z－35 R10 Q3 F30;
8	G00 Z100;
9	M05;
10	M30;
11	%
自动编程	

(8)填写机械加工工艺卡见表4-3-11。

表4-3-11　工艺卡

零件名称	动力轴	机械加工工艺过程卡	毛坯种类	方料	共　页
			材料	2A12 铝	第　页
工序号	工序名称	工序内容		设备	工艺装备
10	备料	备料 ϕ72 mm×30 mm,材料为2A12 铝			
20	数铣	粗、精铣反面平面,ϕ70 mm 外形,ϕ22 mm 凸台外形,7 mm 深加工至尺寸精度		VMC850	三爪
30	数铣	粗、精铣正面平面、ϕ12 mm 孔、5 mm 圆弧键槽、ϕ21 mm 孔及7 个分度叶片		VMC850	三爪
40	钳	锐边倒钝,去毛刺		钳台	台虎钳
50	清洗	用清洁剂清洗零件			
60	检验	按图样尺寸检测			
编制		日期	审核	日期	

学习笔记

任务实施

根据本任务介绍的知识点内容，分析加工零件的各项步骤和加工顺序，细化各步骤内的要求和注意事项，并进行归纳总结，小组讨论，形成课程思维导图，填写任务工单、组员分工、任务准备及工作步骤等内容并进行分享汇报。

任务工单

班级		组号		指导教师	
组长		学号			
组员	姓名	学号	姓名	学号	
任务分工					
任务准备					
工作步骤					

任务评价

任务 4.3 评价表见表 4-3-12，采用得分制，本任务在课程考核成绩中占比 4%。

表 4-3-12　任务 4.3 评价表

项目	评价内容	学生自评（30%）	小组互评（30%）	教师评价（40%）
素质评价（30%）	遵守纪律，遵守相关管理规定，服从安排（5 分）			
	具有安全意识、责任意识、6S 管理意识，注重节约、节能与环保（5 分）			
	学习态度积极主动，能够参加实习安排的活动（5 分）			
	具有团队合作意识，注重沟通，能够自主学习及相互协作（10 分）			
	仪容仪表符合活动要求（5 分）			
技能评价（70%）	按时按要求独立完成任务工单（40 分）			
	仿真加工工具、设备选择得当，使用符合技术要求（10 分）			
	操作规范，符合要求（5 分）			
	学习准备充分、完整（10 分）			
	注重工作效率与工作质量（5 分）			
本次得分：				
最终得分：				
教师反馈：		教师签名： 年　　月　　日		

任务拓展

根据所学内容和方法完成图 4-3-2 所示零件的编程，并填写工艺卡片和程序单（见表 4-3-13 和表 4-3-14）。

表 4-3-13　工艺卡

单位名称：		产品名称或代号		零件名称		零件图号	
工序号	1	夹具名称：		使用设备：		车间：	
工步号	程序内容	刀具号	刀具规格/mm	主轴转速/(r/min)	进给速度/(mm/min)	背吃刀量/mm	备注
编制	审核		批准			共　页	第　页

学习笔记

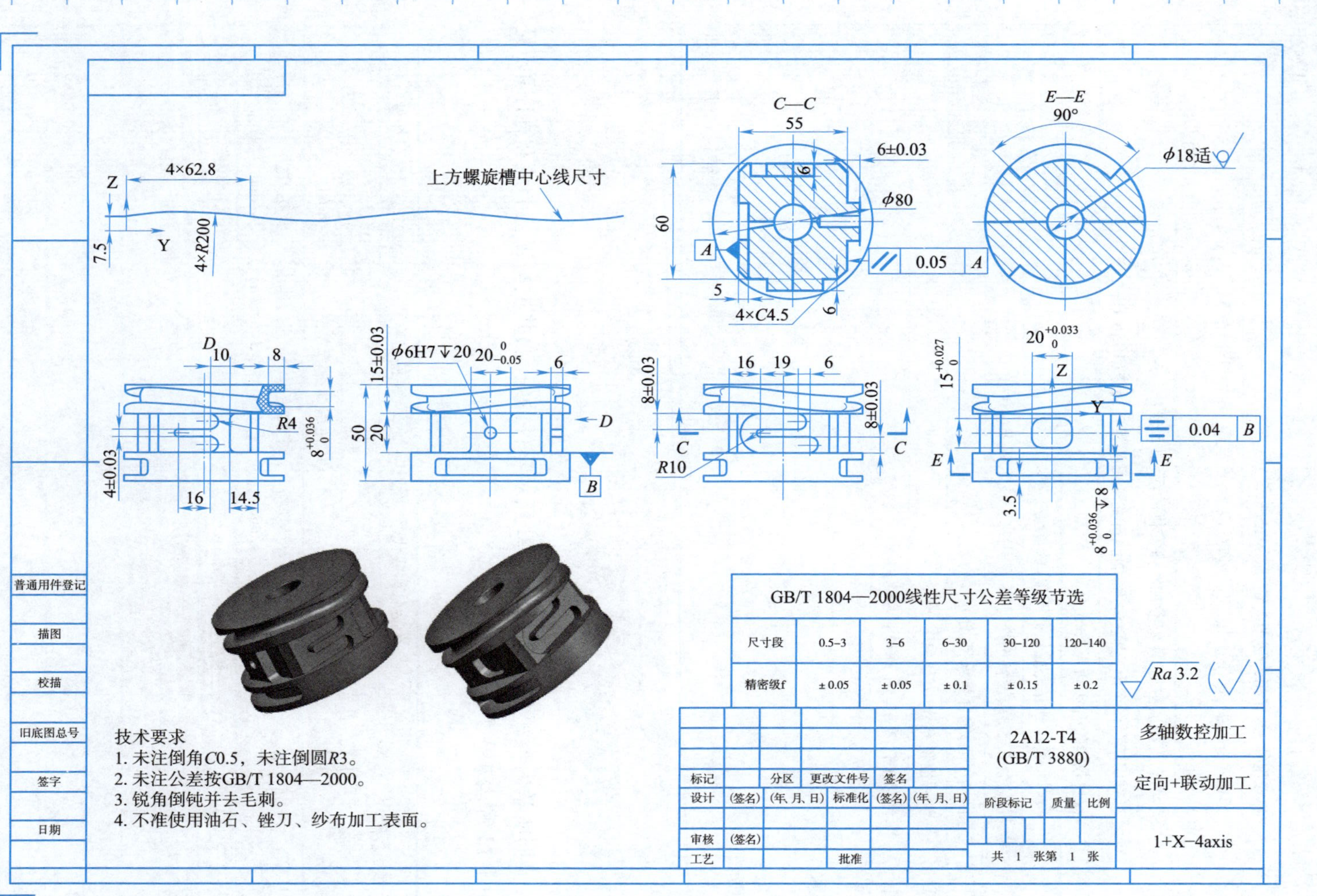

图4-3-2 练习图

学习笔记

表 4-3-14 程序单

程 序	注 释

拓展阅读

康肃公陈尧咨擅长射箭，他经常凭借射箭的本领自夸。一次，他在自家的园圃里射箭，有个卖油的老翁放下挑着的担子，站在一旁，斜着眼看他，很久也不离开。老翁见他射出的箭十支能中八九支，只是微微地点点头。

陈尧咨问道："你也懂得射箭吗？难道我射箭的技艺不精湛吗？"老翁说："没有什么别的奥妙，只不过是手法熟练罢了。"陈尧咨气愤地说："你怎么能够轻视我射箭的本领！"老翁说："凭我倒油的经验知道这个道理。"于是老翁取出一个葫芦放在地上，用一枚铜钱盖住葫芦的口，慢慢地用勺子倒油，通过铜钱方孔注到葫芦里，却没有沾湿铜钱。接着老翁说："我也没有什么其他奥妙，只不过是手法熟练罢了。"康肃公尴尬地笑着把老翁打发走了。

试讨论这与庄子所讲的庖丁解牛、轮扁斫轮的故事有什么区别呢？

学习笔记

任务 4.4　多轴加工中心叶轮编程指令应用

任务目标

掌握模型分析的方法。

素养目标

“年轻一代要继承和发扬吃苦耐劳、自力更生、艰苦奋斗的精神，摒弃骄娇二气，像我们的父辈一样把青春热血镌刻在历史的丰碑上。”习近平总书记在河南安阳红旗渠青年洞前的这番铿锵话语，指引着广大青年从红旗渠精神中汲取智慧、提振信心、增添力量，为全面建设社会主义现代化国家不懈奋斗。

任务描述

通过加工案例的 2D 图样（见图 4-4-1 和图 4-4-2），进行图样分析，并对 3D 模型和图样（见图 4-4-3）进行模型分析。合理利用数控车、数控加工中心完成案例的加工，并完成其工艺卡片的撰写。

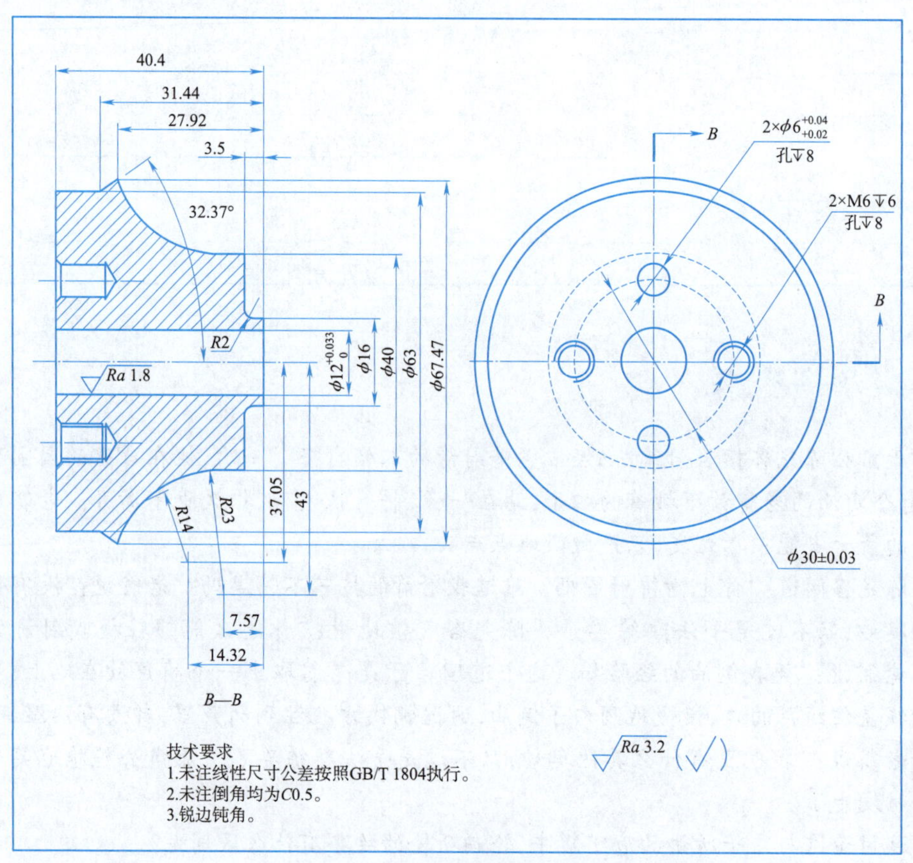

图 4-4-1　叶轮 2D 毛坯图样

学习笔记

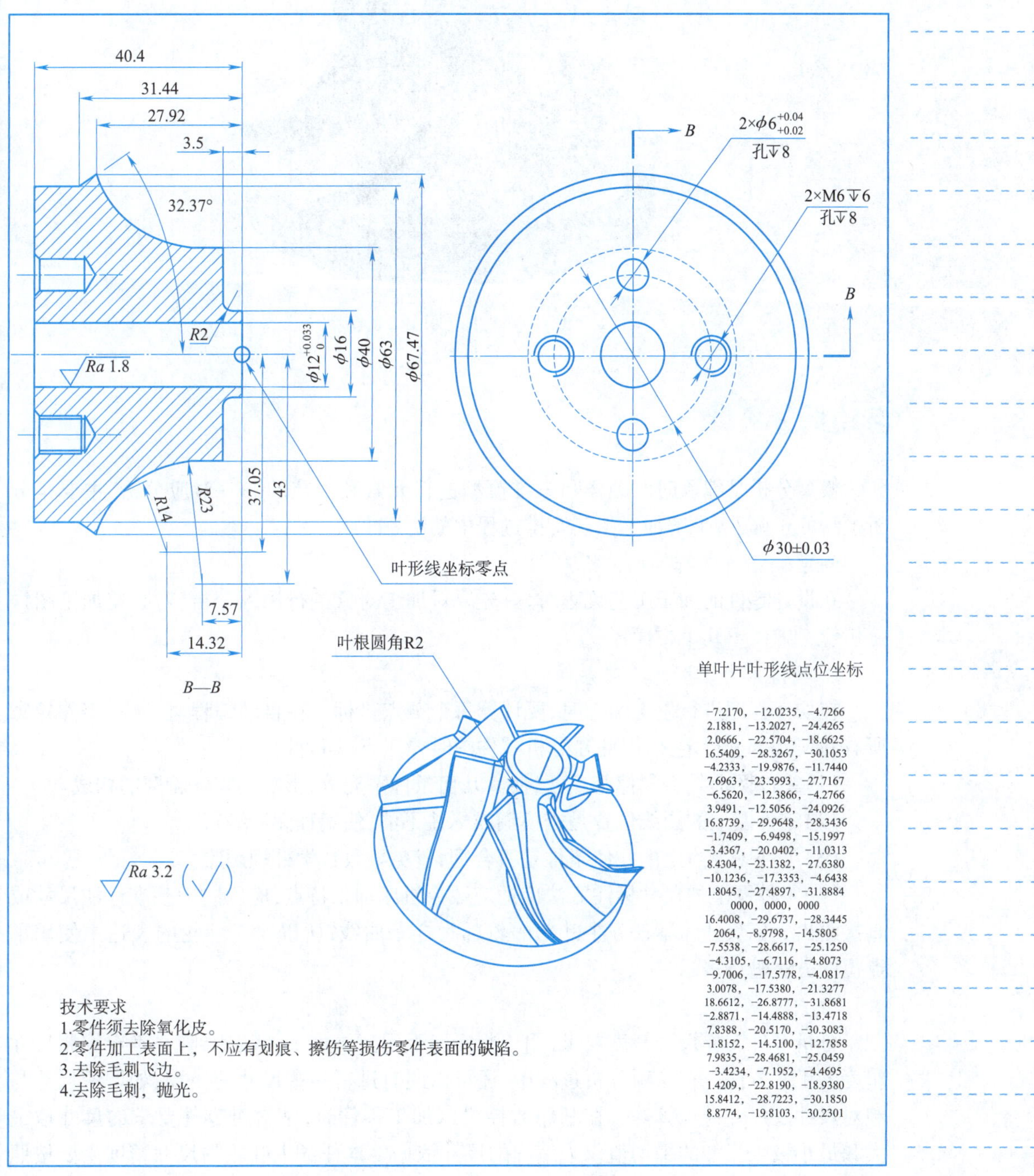

图 4-4-2　叶轮 2D 图样

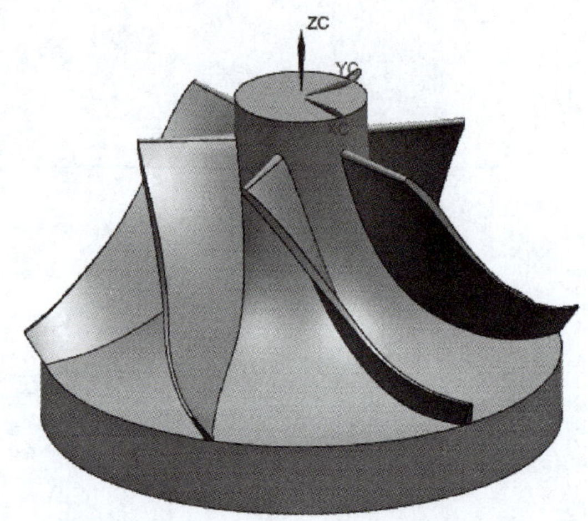

图 4-4-3 加工叶轮 3D 模型

任务资讯

模型分析是编程时对图样和三维模型进行元素和工艺的一一对应分析，主要是分析模型的正确性，了解加工工艺安排过程中的注意事项。

问题 1：零件图样如何分析？

在设计零件的加工工艺规程时，首先要对加工对象进行深入分析，对数控加工图样分析应考虑以下几个方面：

1. 构成零件轮廓的几何条件

在加工程序进行手工编程时，要计算每个节点坐标。在自动编程时，应对零件轮廓所有几何元素进行定义，因此在分析零件图时要注意以下四点：

(1)零件图上是否漏掉某尺寸，使其几何条件不充分，影响到零件轮廓的构成。

(2)零件图上的图线位置是否模糊或标注不清，使编程无法进行。

(3)零件图上给定的几何条件是否合理，避免导致数学处理困难。

(4)零件图上的尺寸标注方法应适应数控机床加工特点，应以同一基准标注尺寸或直接给出坐标尺寸。本任务中叶轮的轮廓为样条曲线，所以对于叶轮的表达中使用了点位的方法进行表示。

2. 尺寸精度要求

分析零件图样尺寸精度要求，用于判断能否用正常加工工艺达到，并确定控制尺寸精度的工艺方法。在该项分析过程中，还可以同时进行一些尺寸的换算，如增量尺寸与绝对尺寸及尺寸链计算等。在利用数控机床加工零件时，常常对零件要求的尺寸取最大和最小极限尺寸的平均值作为编程的尺寸依据。本任务中叶轮的尺寸精度主要按照叶片厚度表示，为了更好地达到尺寸要求，建模必须准确。

3. 形状和位置精度的要求

零件图样上的给定形状和位置公差是保证零件精度的重要依据，加工时要按照其要求确定零件的定位基准和测量基准，还可以根据数控机床的特殊需要进行一些技术

学习笔记

性的处理,以便有效控制零件的形状和位置精度。本任务中重点精度位置是叶形线。对于形状公差应进行特殊处理,在后处理时要注意处理程序时的输出精度和步长。

4. 表面粗糙度要求

表面粗糙度是保证零件表面微观精度的重要要求,也是合理选择数控车床,刀具及确定切削用量的依据。本任务利用粗糙度样板进行对比并调整参数,保证粗糙度要求。

5. 材料与热处理要求

零件图样上给定的材料与热处理要求是选择刀具和数控车床的型号,并确定切削用量的依据,本任务材料为 YL12,在后续工艺、刀具编排中按照该材料特性进行。

问题 2:如何进行设备的选择?

根据该零件的外形,比较适合在五轴机床上加工,由于叶轮的叶片、轮毂都为曲面且曲面曲度较大,所以只有在数控五轴机床上加工才能保证其加工的尺寸精度和表面质量。本任务选择 DMU60 型数控五轴加工中心(海德汉系统)机床进行加工。

问题 3:粗基准如何选择?

(1)为了保证不加工表面与加工表面之间的位置要求,应选不加工表面作粗基准。

(2)合理分配各加工表面的余量,应选择毛坯外圆作粗基准。

(3)粗基准应避免重复使用。

(4)选择粗基准的表面应平整,没有浇口、冒口或飞边等缺陷,以便定位可靠。

(5)本任务中叶轮毛坯经车削而成,车削的叶轮毛坯选择棒料外圆作粗基准。

问题 4:精基准如何选择?

基准重合原则:选择加工表面的设计基准为定位基准。

基准统一原则,自为基准原则,互为基准原则。

本任务中叶轮毛坯车削的精基准为叶轮的回转中心线,五轴加工叶片时也同样选择叶轮的回转中心线作精基准。

问题 5:定位基准如何选择?

本任务经过上述粗、精基准选择原则,选择精密机用虎钳作为夹具,在夹具上安装辅助件,选择叶轮的底面为安装基准。

问题 6:如何合理选择切削用量?

合理选择切削用量的原则是:粗加工时,一般以提高生产率为主,但也应考虑经济性和加工成本;半精加工和精加工时,应在保证加工质量的前提下,兼顾切削效率、经济性和加工成本。具体数值应根据机床说明书、切削用量手册,并结合经验而定。

问题 7:对刀点和换刀点如何正确设置?

刀具究竟从什么位置开始移动到指定的位置呢?所以在程序执行的一开始,必须确定刀具在工件坐标系下开始运动的位置,这一位置即为程序执行时刀具相对于工件运动的起点,所以称为程序起始点或起刀点。此起始点一般通过对刀确定,所以,该点又称对刀点。在编制程序时,要正确选择对刀点的位置。对刀点设置原则是:便于数值处理和简化程序编制,易于找正并在加工过程中便于检查,引起的加工误差小。对刀点可以设置在加工零件上,也可以设置在夹具或机床上,为了提高零件的加工精度,对刀点应尽量设置在零件的设计基准或工艺基准上。实际操作机床时,可通过手工对刀操作把刀具的刀位点放到对刀点上,即刀位点与对刀点重合。刀位点是指刀具的定位基

学习笔记

准点,车刀的刀位点为刀尖或刀尖圆弧中心。平底立铣刀是刀具轴线与刀具底面的交点。球头铣刀是球头的球心,钻头是钻尖等。用手动对刀操作,对刀精度较低,且效率低。有些工厂采用光学对刀镜、对刀仪、自动对刀装置等,以减少对刀时间,提高对刀精度。加工过程中需要换刀时,应规定换刀点。换刀点是指刀架转动换刀时的位置,换刀点应设在工件或夹具的外部,以换刀时不碰工件及其他部件为准。

DMU60 型数控多轴机床回到机床零点后,会自动移动到换刀点进行刀具的交换,本任务采用测头进行对刀,对刀点为测头的球心。工件的对刀位置为叶轮上表面中心。

问题 8:如何选择正确的刀具材料?

本任务叶轮的材料为 YL12,质量要求为表面粗糙度 *Ra*3.2,为了保证加工质量和效率,刀具材料选择硬质合金。

硬质合金是由作为主要组元的难熔金属碳化物和金属黏结剂组成的烧结材料,具有高强度和高耐磨性。它是由难熔金属的硬质化合物和黏结金属通过粉末冶金工艺制成的一种合金材料。硬质合金具有硬度高、耐磨、强度和韧性较好、耐热、耐腐蚀等一系列优良性能,特别是它的高硬度和耐磨性,即使在 500 ℃的温度下也基本保持不变,在 1 000 ℃时仍有很高的硬度。硬质合金广泛用作刀具材料,如车刀、铣刀、刨刀、钻头、镗刀等,用于切削铸铁、有色金属、塑料、化纤、石墨、玻璃、石材和普通钢材,也可以用于切削耐热钢、不锈钢、高锰钢、工具钢等难加工的材料。现在新型硬质合金刀具的切削速度为碳素钢的几百倍。应根据工件材料、成本等进行全面分析选择并确定刀具。

问题 9:叶轮加工时的夹具如何设计?

依据工艺分析,设计图 4-4-4 所示的安装工艺件,以叶轮的底面为基准,如图 4-4-5 所示装夹方案进行装夹。零件毛坯图样如图 4-4-1 所示,属于半成品毛坯,所以在此不考虑车削工艺。

图 4-4-4　工艺件设计效果图

问题 10:叶轮加工工艺卡片如何填写?

通过工艺分析,提供的毛坯为半成品,采用五轴加工设备,工艺高度集成,所以在五轴设备上能完成叶轮粗、精加工的所有工序。工艺内容见表 4-4-1。

学习笔记

图 4-4-5 毛坯装夹

表 4-4-1 工艺卡

单位名称:		产品名称或代号		零件名称		零件图号	
		叶轮		叶轮		H5-DM-01-02	
工序号	程序编号	夹具名称		使用设备		车间	
		自定心气动卡盘和芯轴		DMU60		数控车间	
工步号	工步内容	刀具号	刀具规格	主轴转速 /(r/min)	进给速度 /(mm/min)	背吃刀量 /mm	备注
1	粗加工叶轮	T01	ϕ8 mm 球头铣刀	3 000	0. 1	1. 5	自动
2	半精加工叶轮	T02	ϕ6 mm 球头铣刀	400	0. 1	1. 5	自动
3	精加工叶片	T02	ϕ6 mm 球头铣刀	6 000	0. 05	0. 1	自动
4	精加工轮毂	T02	ϕ6 mm 球头铣刀	6 000	0. 05	0. 1	自动
5	精加工叶根圆	T03	ϕ4 mm 球头铣刀	6000	0. 05	0. 1	自动
编制	审核		批准			共 页	第 页

问题 11:叶轮加工刀具单如何填写?

根据任务图样及模型特点,对刀具材料和刀具的加工性能进行分析,本任务选择刀具见表 4-4-2,进行叶轮的粗加工、半精加工和精加工。

学习笔记

表 4-4-2 刀具单

序号	刀具号	规格	数量	加工表面	备注
1	T01	$\phi8$ mm 球头硬质合金铣刀	1	开粗	
2	T02	$\phi6$ mm 球头硬质合金铣刀	2	精加工	
3	T03	$\phi4$ mm 球头硬质合金铣刀	1	$\phi6$ 底孔	

问题 12:叶轮程序如何编制?

1. 数控编程的基本步骤

1)分析零件图并确定工艺过程

(1)对零件图样要求的形状、尺寸、精度、材料及毛坯进行分析,明确加工内容与要求;确定加工方案、走刀路线、切削参数并选择刀具及夹具等。

(2)本任务中叶轮毛坯在车削时的精度有直径$12^{+0.033}_{0}$ mm 的孔,孔的表面质量为 $Ra1.6$,未注倒角 $C0.5$。

2)编写加工程序

(1)在完成上述步骤后,按照数控系统规定使用的功能指令代码和程序段格式,编写加工程序单。

(2)本任务的程序编制从粗加工到精加工,主要分为叶轮的开粗、叶轮的叶片精加工、轮毂精加工及叶根圆精加工。

3)将程序输入数控系统

(1)程序可以通过键盘直接输入数控系统,也可以通过计算机通信接口输入数控系统。

(2)利用 U 盘在计算机中复制已经经过后置处理的代码程序。

4)检验程序与首件试切

利用数控系统提供的图形显示功能,检查刀具轨迹的正确性。对工件进行首件试切,分析误差产生的原因并及时修正,直到试切出合格零件。本任务加工过程中,机床存在五轴五联动的运动轨迹,所以首件加工可以采用图形显示或利用空走刀进行验证,然后进入真实工件的加工。

2. CAD/CAM 程序的编制

(1)打开 NX 软件,导入叶轮数据模型(见图 4-4-6),经过分析模型没有任何问题后,即可进行程序的编制。

(2)设置坐标系,如图 4-4-7 所示,加工坐标系是体现程序和机床、程序和刀具主要链接关系的重要参数。在 NX 中按照加工工艺确定加工坐标系零点为叶轮半径毛坯上表面中心点。所以操作者在装夹完毛坯之后,也要通过机床对刀找正,完成机床中加工工件坐标系的设置。

(3)刀具的创建,如图 4-4-8 所示。创建刀具并输入刀具参数,按照刀具表依次创建刀具列表,同时保证刀具参数的正确性。正确输入与实际安装刀具长度相同的刀具参数,特别是刀具安装长度和刀柄直径,作为机床主轴与夹具之间的干涉检查。

(4)毛坯的创建,根据工艺安排,首先根据车削好的半成品毛坯进行建模,完成毛坯的创建,同时完成加工任务中叶轮的参数选择。如图 4-4-9 所示进行叶轮参数设置。

学习笔记

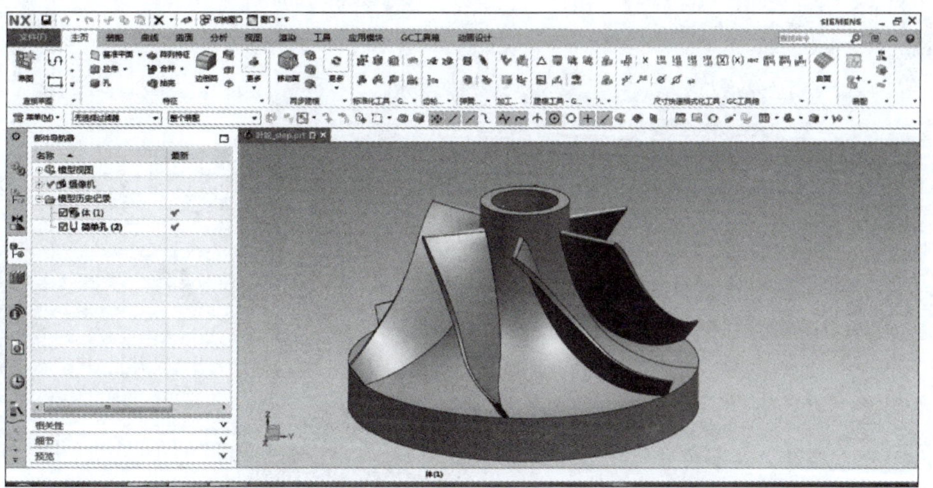

图 4-4-6　向 NX 软件导入叶轮模型

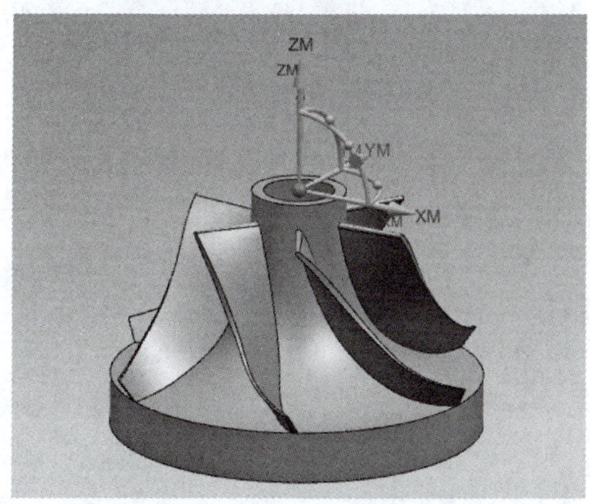

图 4-4-7　加工坐标系的设置

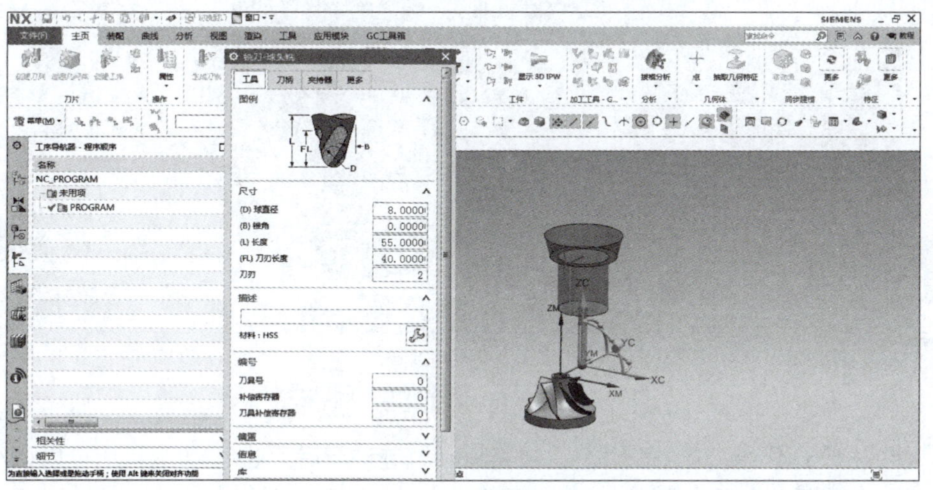

图 4-4-8　刀具参数设置

学习笔记

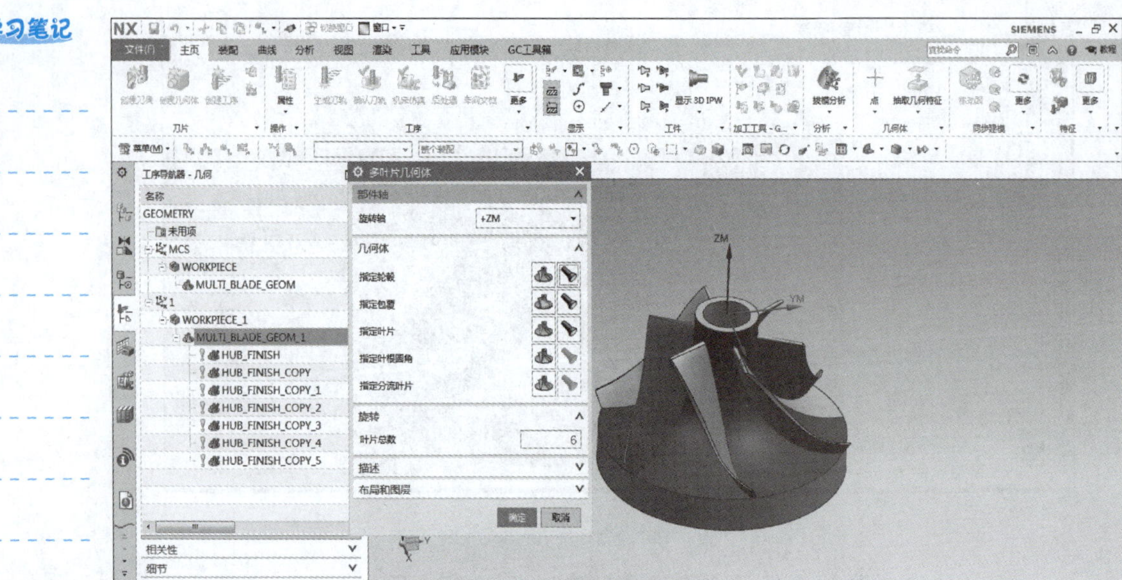

图 4-4-9　叶轮参数选择

（5）程序编制，使用 NX 软件进入叶轮模块，编写叶轮加工程序，此时在程序编写中根据加工工艺，进行粗加工、半精加工、精加工和叶轮清根加工，并完成刀具轨迹的生成，如图 4-4-10 所示。

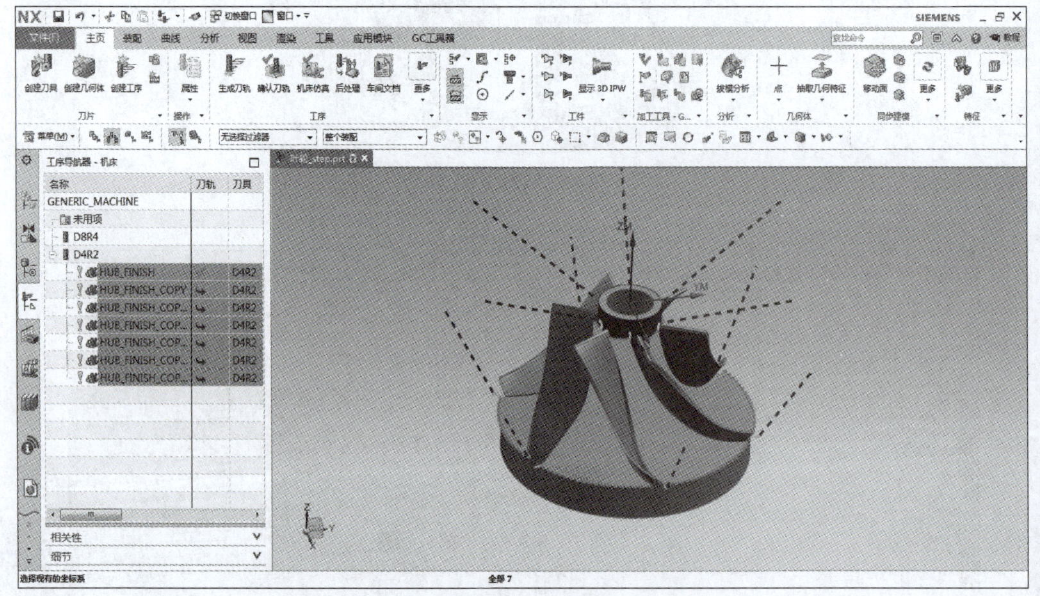

图 4-4-10　刀具轨迹生成

（6）生成 G 代码，编写完程序后，要将刀具轨迹进行后置处理，生成机床可以识别的 G 代码，这样机床才可以进行加工。软件生成的 DMU60 型数控五轴机床可识别的程序代码如图 4-4-11 所示。

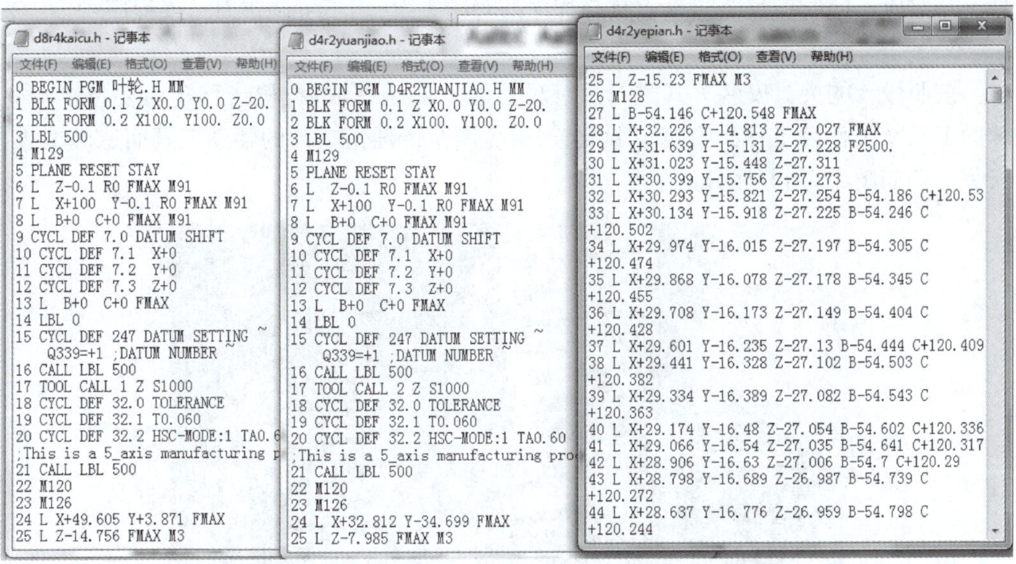

图 4-4-11 生成 G 代码

问题 13：任务中叶轮如何加工？

加工过程是操作者依照工艺卡片、刀具卡、程序清单完成零件的加工，实际加工过程中应根据情况调整对应的切削参数、冷却状态、是否排屑、中间质检等环节。为了更好地保质保量完成零件加工，一般遵循以下过程步骤。

1. 加工准备

按照刀具表和工艺安排，安装加工中所有使用到的刀具、测头、量表、夹具、对刀器、抹布、扳手、毛坯等主要工具和辅助工具，并检查刀具、量具、夹具的完整性和安全性。做好充分准备工作（见图 4-4-12）。

图 4-4-12 准备工作

2. 刀具安装

按照刀具表和程序清单，将刀具对应安装到刀库中，应保证刀具号和程序中的刀具

号一一对应。同时应反复检查刀具与程序的对应关系，切不可调错刀具或程序。

3. 毛坯安装

按照设计的夹具安装方式进行毛坯的安装。安装完成后，机床移动前要将多余的辅助工具从工作台上移到安全位置放置，避免因留下任何多余的辅助工具而造成事故。安装毛坯如图 4-4-13 所示。

图 4-4-13　毛坯的安装

4. 刀具长度的标定

通过操作，使用 Z 值对刀器，将刀具表的所有刀具进行长度标定，如图 4-4-14 所示。

图 4-4-14　刀具长度的标定

5. 坐标系找正

在 NX 编程过程中，编程人员已经确定了加工坐标系的位置，操作者根据工艺卡片，在确定安装完刀具、夹具后就可以对加工毛坯进行找正，确定找正的坐标系和程序中的坐标系位置一一对应，同时保证坐标系号码和程序完全对应。对加工毛坯进行坐标系的找正如图 4-4-15 所示。

学习笔记

图 4-4-15　坐标系找正

6. 程序传输

程序编制过程中已经生成了机床可以识别的 G 代码程序。按照工艺安排，将所有程序传输到机床存储器中（见图 4-4-16），保证程序传输完整，名称对应。

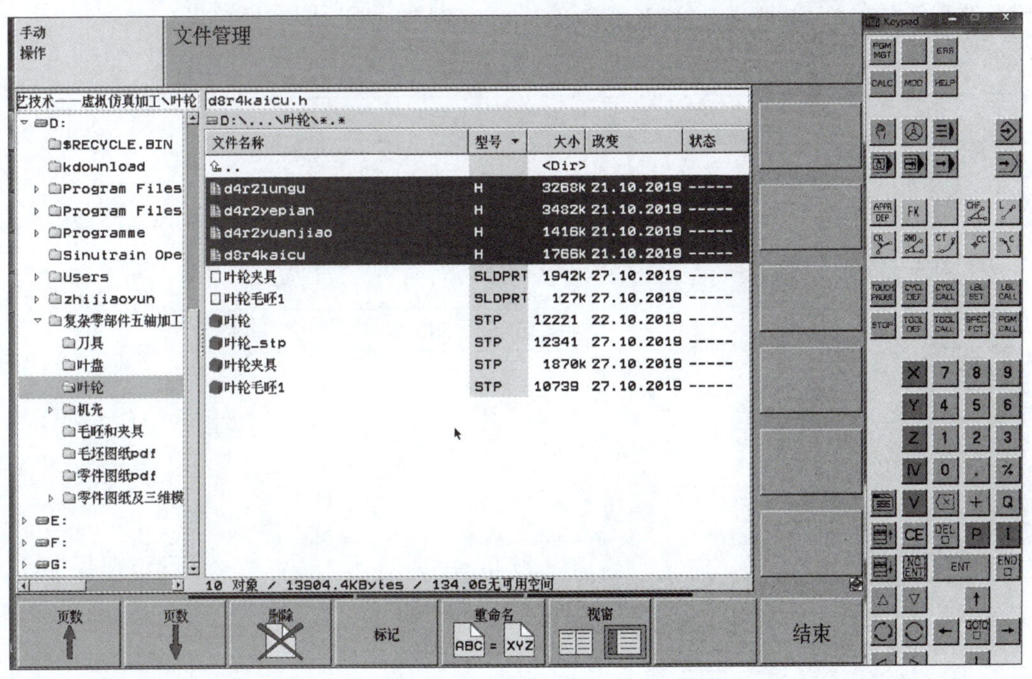

图 4-4-16　程序传输

7. 零件加工

当前面的步骤已经操作完成，就可以进行零件的首件试样加工。在自动模式下，调用程序对零件进行加工（见图 4-4-17）。加工过程中应注意加工参数的修调，直至完成零件加工。

学习笔记

图 4-4-17　零件加工

任务实施

根据本任务介绍的知识点内容，分析好零件的 2D 和 3D 图纸，进行尺寸结构和零件结构分析，细化各步骤内的要求和注意事项，进行归纳总结，小组讨论，形成课程思维导图，填写任务工单、组员分工、任务准备及工作步骤等内容并进行分享汇报。

任务工单

<table>
<tr><td>班级</td><td></td><td>组号</td><td></td><td>指导教师</td><td></td></tr>
<tr><td>组长</td><td></td><td>学号</td><td colspan="3"></td></tr>
<tr><td rowspan="4">组员</td><td>姓名</td><td>学号</td><td>姓名</td><td colspan="2">学号</td></tr>
<tr><td></td><td></td><td></td><td colspan="2"></td></tr>
<tr><td></td><td></td><td></td><td colspan="2"></td></tr>
<tr><td></td><td></td><td></td><td colspan="2"></td></tr>
<tr><td colspan="6">任务分工</td></tr>
<tr><td colspan="6">任务准备</td></tr>
<tr><td colspan="6">工作步骤</td></tr>
</table>

学习笔记

任务评价

任务 4.4 评价表见表 4-4-3，采用得分制，本任务在课程考核成绩中占比 4%。

表 4-4-3　任务 4.4 评价表

项目	评价内容	学生自评（30%）	小组互评（30%）	教师评价（40%）
素质评价（30%）	遵守纪律，遵守相关管理规定，服从安排（5 分）			
	具有安全意识、责任意识、6S 管理意识，注重节约、节能与环保（5 分）			
	学习态度积极主动，能够参加实习安排的活动（5 分）			
	具有团队合作意识，注重沟通，能够自主学习及相互协作（10 分）			
	仪容仪表符合活动要求（5 分）			
技能评价（70%）	按时按要求独立完成任务工单（40 分）			
	仿真加工工具、设备选择得当，使用符合技术要求（10 分）			
	操作规范，符合要求（5 分）			
	学习准备充分、完整（10 分）			
	注重工作效率与工作质量（5 分）			
本次得分：				
最终得分：				
教师反馈：		教师签名： 年　月　日		

任务拓展

根据本任务学习的内容和方法完成图 4-4-18 所示零件的编程，并填写工艺卡和程序单（见表 4-4-4 和表 4-4-5）。

拓展阅读

“一代人有一代人的使命，一代人有一代人的担当。”新时代新征程，拿过接力棒的青年们如何在复兴伟业中创造新的奇迹？传承弘扬迎难而上、不怕啃“硬骨头”的红旗渠精神，正是当代青年需要继承和发扬的精神。在脱贫攻坚战场、科技攻关前沿、抢险救灾前线等岗位无私奉献、奋力拼搏，将青春之花绽放在祖国和人民最需要的地方。

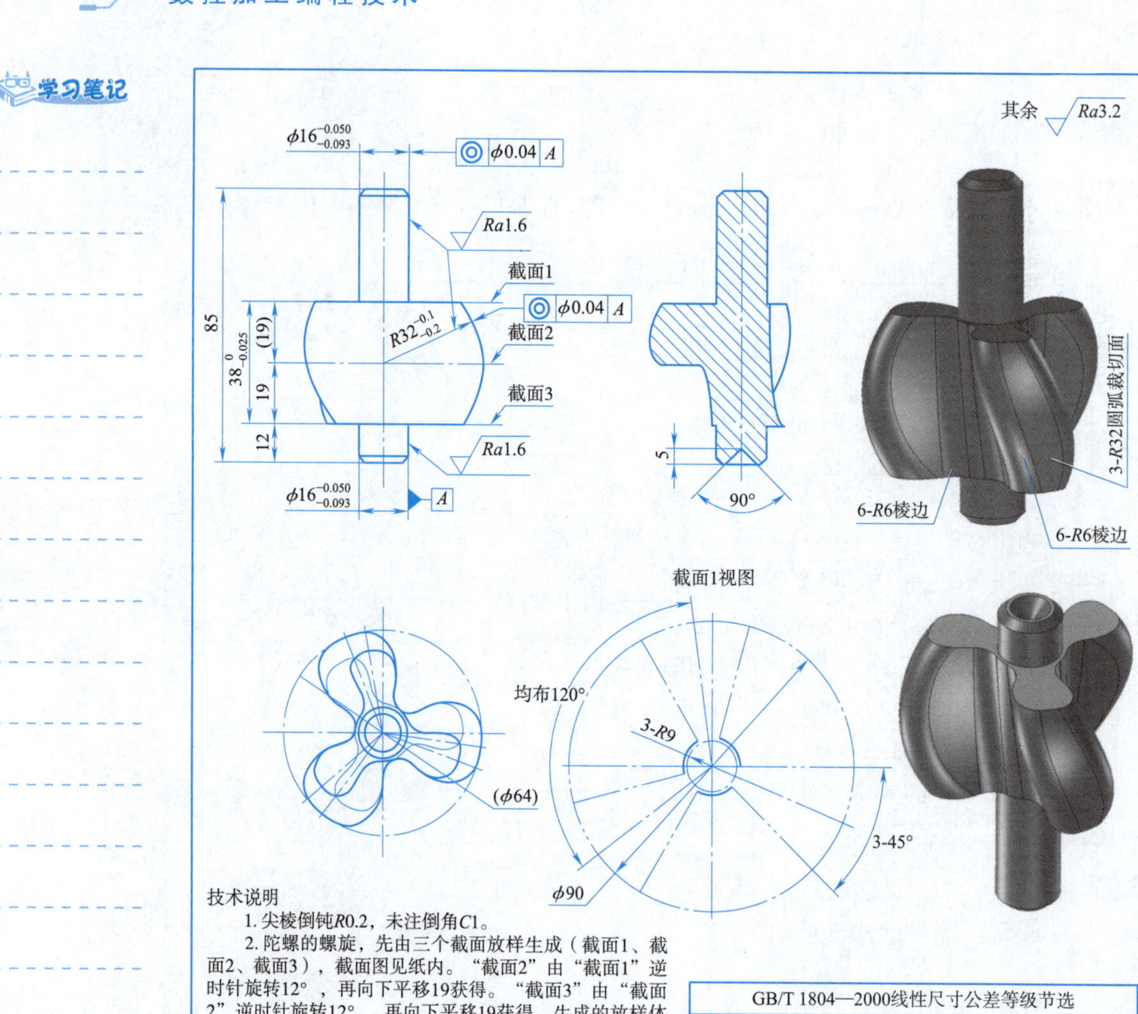

技术说明

1. 尖棱倒钝R0.2，未注倒角C1。
2. 陀螺的螺旋，先由三个截面放样生成（截面1、截面2、截面3），截面图见纸内。“截面2”由“截面1”逆时针旋转12°，再向下平移19获得。“截面3”由“截面2”逆时针旋转12°，再向下平移19获得。生成的放样体再由R32的回转面裁切而成。然后做各棱边过度。
3. 未注公差按GB/T 1804—2000。

GB/T 1804—2000线性尺寸公差等级节选

尺寸段	0.5～3	3～6	6～30	30～120	120～400
精密级f	±0.05	±0.05	±0.1	±0.15	±0.2

图 4-4-18　练习图

表 4-4-4　工艺卡

单位名称：		产品名称或代号		零件名称		零件图号	
工序号	1	夹具名称：		使用设备：		车间：	
工步号	程序内容	刀具号	刀具规格/mm	主轴转速/(r/min)	进给速度/(mm/min)	背吃刀量/mm	备注
编制		审核		批准		共　页	第　页

学习笔记

表 4-4-5 程序单

程　序	注　释

学习笔记

参考文献

[1] 孔凡坤,戚克强.数控加工应用与编程工作任务手册[M]. 北京:中国农业出版社,2022.
[2] 刘永利. 数控加工工艺[M].北京:机械工业出版社,2018.
[3] 陈文杰,韩伟.数控编程与操作[M].北京:机械工业出版社,2019.
[4] 穆国岩.数控机床编程与操作[M].北京:机械工业出版社,2019.
[5] 刘萍萍.数控编程与操作项目式教程[M].北京:机械工业出版社,2023.
[6] 陈娟,刘加勇.数控车削工艺与刀具应用[M].北京:机械工业出版社,2021.
[7] 刘蔡保.数控编程教学[M].北京:化学工业出版社,2021.
[8] 曾霞.数控编程与加工项目式教程[M].北京:机械工业出版社,2023.
[9] 张善文,李益民,葛正辉.机械制造技术[M].北京:机械工业出版社,2023.
[10] 朱明松,王翔.数控铣床编程与操作项目教程[M].北京:机械工业出版社,2023.
[11] 朱明松,朱德浩.数控车削编程与加工[M].北京:机械工业出版社,2021.
[12] 金晶.数控铣床加工工艺与编程操作[M].北京:机械工业出版社,2023.
[13] 罗平尔,顾涛.数控车床编程与操作项目教程[M].北京:机械工业出版社,2023.
[14] 于万成.数控铣削(加工中心)加工技术与综合实训[M].北京:机械工业出版社,2023.
[15] 何显贵.FANUC 0i 数控铣床/加工中心编程技巧与实例[M].北京:机械工业出版社,2022.
[16] 王凯.机械 CAD/CAM 应用技术项目化教程[M].北京:机械工业出版社,2023.
[17] 赵慧,王安.数控加工技术[M].北京:机械工业出版社,2022.